essentials

Essentials liefern aktuelles Wissen in konzentrierter Form. Die Essenz dessen, worauf es als „State-of-the-Art" in der gegenwärtigen Fachdiskussion oder in der Praxis ankommt. *Essentials* informieren schnell, unkompliziert und verständlich

- als Einführung in ein aktuelles Thema aus Ihrem Fachgebiet
- als Einstieg in ein für Sie noch unbekanntes Themenfeld
- als Einblick, um zum Thema mitreden zu können

Die Bücher in elektronischer und gedruckter Form bringen das Fachwissen von Springerautor*innen kompakt zur Darstellung. Sie sind besonders für die Nutzung als eBook auf Tablet-PCs, eBook-Readern und Smartphones geeignet. *Essentials* sind Wissensbausteine aus den Wirtschafts-, Sozial- und Geisteswissenschaften, aus Technik und Naturwissenschaften sowie aus Medizin, Psychologie und Gesundheitsberufen. Von renommierten Autor*innen aller Springer-Verlagsmarken.

Deborah Kant

Das mengentheoretische Unabhängigkeitsphänomen

Eine Welt jenseits der mathematischen Beweiskraft

Deborah Kant
Berlin, Deutschland

ISSN 2197-6708　　　　　　　ISSN 2197-6716　(electronic)
essentials
ISBN 978-3-662-71096-8　　　ISBN 978-3-662-71097-5　(eBook)
https://doi.org/10.1007/978-3-662-71097-5

Die Deutsche Nationalbibliothek verzeichnet diese Publikation in der Deutschen Nationalbibliografie; detaillierte bibliografische Daten sind im Internet über https://portal.dnb.de abrufbar.

© Der/die Herausgeber bzw. der/die Autor(en), exklusiv lizenziert an Springer-Verlag GmbH, DE, ein Teil von Springer Nature 2025

Das Werk einschließlich aller seiner Teile ist urheberrechtlich geschützt. Jede Verwertung, die nicht ausdrücklich vom Urheberrechtsgesetz zugelassen ist, bedarf der vorherigen Zustimmung des Verlags. Das gilt insbesondere für Vervielfältigungen, Bearbeitungen, Übersetzungen, Mikroverfilmungen und die Einspeicherung und Verarbeitung in elektronischen Systemen.
Die Wiedergabe von allgemein beschreibenden Bezeichnungen, Marken, Unternehmensnamen etc. in diesem Werk bedeutet nicht, dass diese frei durch jede Person benutzt werden dürfen. Die Berechtigung zur Benutzung unterliegt, auch ohne gesonderten Hinweis hierzu, den Regeln des Markenrechts. Die Rechte des/der jeweiligen Zeicheninhaber*in sind zu beachten.
Der Verlag, die Autor*innen und die Herausgeber*innen gehen davon aus, dass die Angaben und Informationen in diesem Werk zum Zeitpunkt der Veröffentlichung vollständig und korrekt sind. Weder der Verlag noch die Autor*innen oder die Herausgeber*innen übernehmen, ausdrücklich oder implizit, Gewähr für den Inhalt des Werkes, etwaige Fehler oder Äußerungen. Der Verlag bleibt im Hinblick auf geografische Zuordnungen und Gebietsbezeichnungen in veröffentlichten Karten und Institutionsadressen neutral.

Springer Spektrum ist ein Imprint der eingetragenen Gesellschaft Springer-Verlag GmbH, DE und ist ein Teil von Springer Nature.
Die Anschrift der Gesellschaft ist: Heidelberger Platz 3, 14197 Berlin, Germany

Wenn Sie dieses Produkt entsorgen, geben Sie das Papier bitte zum Recycling.

Was Sie in diesem *essential* finden können

- mathematische Genauigkeit, Erläuterung der Zusammenhänge und philosophische Reflektion
- knappe Zusammenfassung der Entwicklung der Mengenlehre von ihren Anfängen bis heute
- Einblick in die Struktur eines Unabhängigkeitsbeweises
- Darstellung, unterstützt durch Bilder, eines Teils der Forcingbeweistechnik

Vorwort

Dieses Buch widmet sich einem faszinierenden, aber technisch sehr herausforderndem Thema, dem mengentheoretischen Unabhängigkeitsphänomen. In den 60er Jahren wurde in der Mengenlehre die sogenannte Forcingmethode eingeführt, um die es hier insbesondere gehen soll. Das bedeutet allerdings, dass ich auf 40 Seiten einen Einblick gebe in ein Thema, das in einem Mathematikstudium zwei bis drei Semester intensives Studium erfordern. Erwarten Sie also bitte nicht, am Ende des Buches alles verstanden zu haben. Das liegt natürlich nicht an Ihnen, sondern daran, dass ich nicht alles erklären können werde. Einige Zusammenhänge und Details lasse ich weg, andere nenne ich nur ohne weitere Erläuterung, wieder anderen gebe ich mehr Raum und erkläre sie ausführlicher.

Im Allgemeinen richtet sich das Buch an interessierte Leser:innen, die bereit sind, sich auf einige mathematische und logische Feinheiten einzulassen. Es setzt außer dem üblichen mathematischen Schulwissen aber kein spezielles Vorwissen voraus. Die Kap. 1, 3, und 4 sind eher Überblickskapitel. Sie beruhen teilweise auf dem ersten Kapitel meiner Dissertation (Kant 2025). Kap. 2 hingegen geht etwas mehr in die Tiefe.

Einigen Leser:innen wird dieser Einblick genügen. Lassen Sie sich gern auf den nächsten Seiten in eine mathematische Welt entführen, die einige übliche Vorstellungen ins Wanken bringt. Andere Leser:innen kommen eventuell auf den Geschmack und wollen sich mit der Thematik näher beschäftigen. In diesem Fall empfehle ich einen Blick in die weiterführende Literatur, die ich am Ende des Buches aufgelistet habe.

Danksagung Ich bedanke mit herzlich bei Benedikt Löwe und Colin J. Rittberg, die eine erste Version dieses Buches gelesen und hilfreiche Anmerkungen gegeben haben. Alle übrig gebliebenen Ungenauigkeiten gehen natürlich auf mich.

Berlin Deborah Kant
Oktober 2024

Einführung

Im Gegensatz zu anderen Wissenschaften wird der Mathematik häufig ein hoher Grad an Objektivität zugeschrieben. Wissenschaftler:innen zeichnen ein Bild, demzufolge die Mathematik frei sei von Kontroversen; in der Mathematik könne klar entschieden werden, ob eine Behauptung stimme oder nicht; das sei keine Frage der Perspektive oder Methode wie in anderen Wissenschaften, vielmehr wird angenommen, dass Mathematiker:innen für jede mathematische Behauptung entweder einen Beweis oder einen Gegenbeweis finden können.

Das trifft sicherlich auf viele mathematische Forschungsbereiche zu, auf die Grundlagen der Mathematik jedoch nicht. Tatsächlich ist hier genau das Gegenteil der Fall. In den Grundlagen der Mathematik sind mathematische Fragen unumgänglich mit philosophischen und somit kontroversen Fragen verstrickt. Hier werden die Axiome festgelegt, auf denen jeder mathematische Beweis beruht. Aber diese Axiome selbst können nicht bewiesen werden. Damit ist die Rechtfertigung von Axiomen im Wesentlichen eine philosophische Aufgabe.

Aktuell gilt die mengentheoretische Theorie ZFC als Grundlagentheorie für die Mathematik. Das ‚Z' steht für Ernst Zermelo, der den Großteil der Axiome einführte. Das ‚F' steht für Abraham Fraenkel, der eine wesentliche Ergänzung vornahm. Das ‚C' steht für *Choice*, was auf das Auswahlaxiom verweist. Das Auswahlaxiom geht auf Zermelo zurück. Anfangs war es extrem umstritten. Einige Mathematiker:innen lehnten es schlichtweg ab. Nach einigen Jahren lebhafter Diskussionen konnte sich die mathematische Forschungsgemeinschaft einigen. Da das Auswahlaxiom für die Beweise wichtiger Theoreme in der Analysis notwendig ist, zählt es heute zu den Standardaxiomen dazu.

Die Mengenlehre ist ein mathematischer Forschungsbereich, der gegen Ende des 19. Jahrhunderts das Licht der Welt erblickte. Seitdem durchlebte sie mehrere aufregende Entwicklungen. Zuerst wurden die von Georg Cantor eingeführten unendlichen Mengen nicht als sinnvolle mathematische Strukturen anerkannt. Sie waren unübersichtlich, mathematisch schwer zu fassen, und führten darüber hinaus zu Paradoxien (wie der Russell-Paradoxie), die nicht leicht aufzulösen waren. Mit der Einführung der ZFC-Axiome und der Anwendung der Mengenlehre in anderen mathematischen Bereichen offenbarte sich aber die mathematische Bedeutung der Mengenlehre und die mathematische Forschungsgemeinschaft nahm sie als Grundlagentheorie an.

Der Moment der Freude dauerte leider nicht lange, denn schon wenige Jahrzehnte nach der Akzeptanz der Axiome fanden Mengentheoretiker:innen heraus, dass die Theorie ZFC zu schwach ist, um wichtige mengentheoretische Fragen zu beantworten. Wesentlich für diese Erkenntnis waren zum einen der erste Gödelsche Unvollständigkeitssatz (1931) und zum anderen Gödels Konstruktion des inneren Modells L (1938) und die Einführung der Forcingtechnik von Paul Cohen (1963). Der erste Gödelsche Unvollständigkeitssatz besagt, dass eine axiomatische Theorie wie ZFC prinzipiell unvollständig ist, das heißt, dass es auf jeden Fall Sätze gibt, die diese Theorie weder beweisen noch widerlegen kann. Für manche Theorien bezieht sich die Unvollständigkeit größtenteils auf logische Ausnahmefälle. In solchen Fällen ist die Unvollständigkeit einer Theorie kein großes Problem für die Mathematiker:innen solange sie die Fragen, die für sie wichtig sind, nach wie vor beantworten können.

In der Mengenlehre beschränkt sich die Unvollständigkeit jedoch nicht auf logische Ausnahmefälle. Der berühmteste unabhängige Satz in der Mengenlehre ist die Kontinuumshypothese. Dies ist eine Aussage über die Größe unendlicher Mengen und Cantor hat viele Jahre versucht sie zu beweisen. Auch David Hilbert fand, dass es sich bei der Kontinuumshypothese um eine sinnvolle mathematische Frage handelt, die beantwortbar sein müsste. Die Kontinuumshypothese besagt, dass jede Teilmenge von reellen Zahlen entweder so groß ist wie die Menge der natürlichen Zahlen oder so groß wie die Menge der reellen Zahlen. Laut der Kontinuumshypothese gibt es keine Zwischengrößen. In dem Modell L, was Gödel konstruierte, ist die Kontinuumshypothese wahr. Dort gibt es für die Größe unendlicher Teilmengen reeller Zahlen tatsächlich nur zwei Möglichkeiten. In dem Modell, was Cohen später mit der Forcingtechnik konstruierte, gibt es allerdings mindestens drei Möglichkeiten. Dort kann eine unendliche Teilmenge reeller Zahlen auch größer als die Menge der natürlichen Zahlen und gleichzeitig kleiner als die Menge der reellen Zahlen sein. Die Theorie ZFC entscheidet nicht, welches der beiden Modelle die Wahrheit widerspiegelt. Wir sagen, die Kontinuumshypothese ist *unabhängig* von der Theorie ZFC. Die Präsenz solcher sinnvoller, mengentheoretischer Aussagen, die von der Theorie ZFC unabhängig sind, nennen wir das *Unabhängigkeitsphänomen*.

Einführung

Dieses Buch hat zum Ziel, einen Teil des mathematischen Nachweises von Unabhängigkeit, insbesondere am Beispiel der Kontinuumshypothese, anschaulich zu erklären. Zusätzlich liefert es den direkten mengentheoretischen Hintergrund der Unabhängigkeitsbeweise. Dazu zählt die anfängliche Motivation für die Mengenlehre, die Axiome und ihre Bedeutung als Grundlagentheorie in Kap. 1. Nachdem dann in Kap. 2 das Unabhängigkeitsphänomen genauer erklärt wird, beschreibt Kap. 3 wie die Mengentheoretiker:innen heute mit diesem Phänomen mathematisch umgehen und wie deren aktuelle Forschungspraxis aussieht. Insbesondere arbeiten sie sehr viel mit sogenannten neuen Axiomen. Kap. 4 gibt darüber hinaus einen kleinen Einblick in die notwendigerweise kontroversen philosophischen Debatten, die das Unabhängigkeitsphänomen auslöste.

Inhaltsverzeichnis

1 **Mengenlehre kompakt** 1
   1.1   Cantors Einführung der Mengenlehre 1
   1.2   Axiomatische Mengenlehre als Grundlagentheorie: ZFC 5
   1.3   Unvollständigkeit von ZFC 9

2 **Die Unabhängigkeit der Kontinuumshypothese** 13
   2.1   Unabhängigkeit: logisch und mengentheoretisch 13
   2.2   Ein Modell für CH und ein Modell für ¬CH 18
       2.2.1   Gödels L 18
       2.2.2   Cohens Forcingmodell 19

3 **Mengenlehre heute: neue Axiome** 29

4 **Philosophische Sichtweisen** 35
   4.1   Philosophische Fragen 35
   4.2   Monismus 36
   4.3   Pluralismus 41
   4.4   Fazit 43

Was Sie aus diesem *essential* mitnehmen können 45

Zum Weiterlesen 47

Literatur 49

Mengenlehre kompakt 1

1.1 Cantors Einführung der Mengenlehre

Zu Beginn wurde Mengenlehre ohne Axiome praktiziert. Im 19. Jahrhundert waren Mengen für die mathematische Forschungsgemeinschaft neue Objekte. Vorher schauten sich Mathematiker:innen unter anderem Zahlen, geometrische Figuren oder Funktionen an, aber dachten noch nicht über Mengen nach. Beim Nachdenken über eine bestimmte Art von Funktionen auf den reellen Zahlen, fand es Georg Cantor (1845–1918) hilfreich, in diesem Zusammenhang Punktmengen reeller Zahlen als eigenständige Objekte zu betrachten. Nach weiterer Untersuchung solcher Punktmengen führte er schließlich die sogenannten tranfiniten Mengen als neue mathematische Objekte ein (Cantor 1883, 1884, 1890). Transfinite Mengen sind unendliche Mengen, die aber ausgehend von endlichen Mengen ein paar ähnliche Eigenschaften haben. Man kann die Elemente einer unendlichen Menge abzählen (dafür verwendet man unendliche *Ordinalzahlen*) und man kann bestimmen wie groß eine unendliche Menge ist (dafür verwendet man unendliche *Kardinalzahlen*).

Ordinalzahlen werden also zum Abzählen verwendet und Cantors Idee, einfach nach ‚unendlich' wie gewohnt weiter zu zählen, funktioniert. Man beginnt beim Zählen wie üblich mit 0, 1, 2, usw. Dann springt man zur ersten unendlichen Ordinalzahl ω. Und zählt dann munter weiter: $\omega + 1, \omega + 2, \omega + 3$, usw. Jetzt haben wir wieder einen unendlichen Prozess vor uns und können vorspringen zu $\omega + \omega$. Solche Schritte nennen wir Limesschritt (‚Limes' für Grenzwert). Und wieder zählen wir weiter: $\omega + \omega + 1, \omega + \omega + 2$, usw. Immer wenn wir unendlich viele Schritte vor uns haben, springen wir vor und zählen anschließend mit $+1$ weiter.

Kardinalzahlen sind dafür da, die Größe von Mengen zu bestimmen. In Hinsicht auf ihre Größe sind unendliche Mengen etwas anders als endliche Mengen, denn echte Teilmengen von unendlichen Mengen können trotzdem gleichgroß sein. Zwei unendliche Mengen sind nämlich genau dann *gleichgroß,* wenn man ganz viele Paare so bilden kann, dass immer ein Element aus der einen Menge und ein Element aus der anderen Menge vorkommt, und natürlich darf kein Element doppelt vorkommen. Damit sind zum Beispiel die Mengen

$\{0, 1, 2, 3, 4, 5, \ldots\}$ (die natürlichen Zahlen) und
$\{0, 2, 4, 6, 8, 10, \ldots\}$ (die geraden natürlichen Zahlen)

gleichgroß, auch wenn es auf den ersten Blick hin nicht so scheint. Aber in dieser Hinsicht sind unendliche Mengen erstmal etwas unintuitiv. Wir bilden also Paare: $(0, 0)$, $(1, 2)$, $(2, 4)$, $(3, 6)$, ..., $(7, 14)$, ..., $(357, 714)$, ..., $(1002, 2004)$, ... usw. Sie erkennen das Prinzip. Dass wir diese Paare so bilden können, beweist, dass die Mengen $\{0, 1, 2, 3, \ldots\}$ und $\{0, 2, 4, 6, \ldots\}$ gleichgroß sind.

Wenn zwei Mengen unterschiedlich groß sind, dann geht das nicht, dass wir Paare so finden, dass jeweils genau ein Element aus der einen Menge mit einem Element aus der anderen Menge gepaart ist, und zusätzlich kein Element aus einer der beiden Mengen übrig bleibt. Probieren Sie es mal mit der Menge der natürlichen Zahlen $\mathbb{N} = \{0, 1, 2, 3, \ldots\}$ und der Menge der reellen Zahlen $\mathbb{R} = \{\ldots, -\pi, \ldots, -\frac{2}{3}, \ldots, 0, \ldots, \sqrt{2}, \ldots, \frac{36}{17}, \ldots, e, \ldots, \pi, \ldots, 564\pi, \ldots\}$. Cantor fand heraus, dass $\mathbb{N}$ und $\mathbb{R}$ nicht gleichgroß sind. Wir bezeichnen die Größe oder Kardinalität einer Menge A mit $|A|$ und können damit das Theorem formulieren.

Theorem 1.1 (Satz von Cantor) $|\mathbb{N}| < |\mathbb{R}|$.

Beweisskizze Das zeigt man wie folgt. Zu den reellen Zahlen gehören alle Zahlen auf dem kontinuierlichen Zahlenstrahl (Abb. 1.1).

Zu den reellen Zahlen gehören natürliche und negative Zahlen, Brüche und Zahlen mit unendlich vielen Nachkommastellen, die keinem Prinzip folgen, zum Beispiel $\frac{\pi}{4} = 0{,}7853981633\ldots$ All diese Zahlen können wir uns mit unendlich vielen Nachkommastellen vorstellen, z. B. $-1 = -1{,}0000\ldots$, oder $\frac{1}{6} = 0{,}1666\ldots$ Wir charakterisieren eine reelle Zahl r im Allgemeinen als eine Zahl, die unendlich viele Nachkommastellen hat. Wir schauen uns nun insbesondere die reellen Zahlen zwischen 0 und 1 an, mit dem Ziel zu zeigen, dass es davon bereits mehr gibt

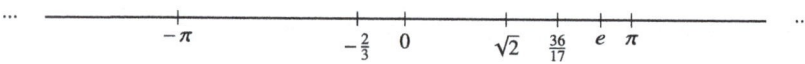

Abb. 1.1 Die reellen Zahlen $\mathbb{R}$ als kontinuierlicher Zahlenstrahl

1.1 Cantors Einführung der Mengenlehre

als natürliche Zahlen. Eine reelle Zahl zwischen 0 und 1 sieht schematisch aufgeschrieben so aus: $0, a_0 a_1 a_2 a_3 \ldots$. Dabei sind $a_0, a_1, a_2, \ldots$ irgendwelche Ziffern: 0, 1, 2, 3, 4, 5, 6, 7, 8, oder 9. Im Fall von $\frac{\pi}{4}$ ist $a_0 = 7$, $a_1 = 8$, $a_2 = 5$, usw. Jetzt nehmen wir an, dass sich doch solche Paare bilden lassen. Wir führen also einen Widerspruchsbeweis und wollen zeigen, dass diese Annahme zu einem Widerspruch führt. Damit muss die Annahme dann falsch sein.

Annahme: Alle reellen Zahlen zwischen 0 und 1 lassen sich in Paaren mit allen natürlichen Zahlen aufschreiben: $(0, r_0), (1, r_1), (2, r_2), (3, r_3), \ldots$. Wir nehmen auch $\frac{\pi}{4}$ dazu und bilden das Paar $(4, \frac{\pi}{4})$. Nun wissen wir ja wie diese r_i aussehen, nämlich $r_i = 0, a_0^i a_1^i a_2^i \ldots$. Wir brauchen jetzt zwei verschiedene Indizes, einmal für die unendlich vielen Nachkommastellen einer reellen Zahl (das ist der Index unten) und einmal für die jeweilige natürliche Zahl, mit der die reelle Zahl in einem Paar steckt (das ist der Index oben). Etwas übersichtlicher können wir das in einer Tabelle darstellen, die nach unten und nach rechts unendlich weiter geht (Tab. 1.1).

Nun wollen wir die Annahme zu einem Widerspruch führen und dafür suchen wir eine reelle Zahl r^*, die in dieser Tabelle nicht auftaucht. Dass eine Zahl in der Tabelle nicht auftaucht, wissen wir, wenn sie sich von jeder vorkommenden reellen Zahl r_i in einer bestimmten Nachkommastelle von r_i unterscheidet. Ok. Also gehen wir wie folgt vor. Wir betrachten die reelle Zahl r^*, die an der ersten Nachkommastelle eine andere Ziffer als a_0^0 zu stehen hat, z. B. $b_0 = 4$, und falls a_0^0 eine 4 sein sollte, dann nehmen wir $b_0 = 5$. An der zweiten Nachkommastelle nehmen wir auf gleiche Weise eine andere Ziffer als a_1^1, und zwar b_1, an der dritten eine andere als a_2^2, und zwar b_2 usw. Dieses Argument nennt sich *Diagonalargument*, weil wir diagonal oben bei a_0^0 anfangen, dann schräg runter gehen und jeweils auf der Diagonalen eine andere Zahl wählen. Damit bekommen wir eine reelle Zahl $r^* = 0, b_1 b_2 b_3 b_4 b_5 \ldots$, die sich von jedem r_i in der i-ten Nachkommastelle unterscheidet. Genau so haben

Tab. 1.1 $\mathbb{N}$ und $[0, 1]^{\mathbb{R}}$

$\mathbb{N}$	$[0, 1]^{\mathbb{R}}$
0	$r_0 = 0, a_0^0\ a_1^0\ a_2^0\ a_3^0\ a_4^0\ a_5^0 \ldots$
1	$r_1 = 0, a_0^1\ a_1^1\ a_2^1\ a_3^1\ a_4^1\ a_5^1 \ldots$
2	$r_2 = 0, a_0^2\ a_1^2\ a_2^2\ a_3^2\ a_4^2\ a_5^2 \ldots$
3	$r_3 = 0, a_0^3\ a_1^3\ a_2^3\ a_3^3\ a_4^3\ a_5^3 \ldots$
4	$r_4 = 0,\ 7\ 8\ 5\ 3\ 9\ 8 \ldots$
$\vdots$	$\vdots \qquad \vdots\ \vdots\ \vdots\ \vdots\ \vdots\ \vdots$

Tab. 1.2 Cantors Diagonalargument

$\mathbb{N}$	$[0, 1]^{\mathbb{R}}$
0	$r_0 \;= 0, \; \boldsymbol{a_0^0} \; a_1^0 \; a_2^0 \; a_3^0 \; a_4^0 \; a_5^0 \ldots$
1	$r_1 \;= 0, \; a_0^1 \; \boldsymbol{a_1^1} \; a_2^1 \; a_3^1 \; a_4^1 \; a_5^1 \ldots$
2	$r_2 \;= 0, \; a_0^2 \; a_1^2 \; \boldsymbol{a_2^2} \; a_3^2 \; a_4^2 \; a_5^2 \ldots$
3	$r_3 \;= 0, \; a_0^3 \; a_1^3 \; a_2^3 \; \boldsymbol{a_3^3} \; a_4^3 \; a_5^3 \ldots$
4	$r_4 \;= 0, \; 7 \; 8 \; 5 \; 3 \; 9 \; 8 \ldots$
$\vdots$	$\vdots \quad\quad\quad \vdots \; \vdots \; \vdots \; \vdots \; \vdots$
?	$r^* = 0, \; b_0 \; b_1 \; b_2 \; b_3 \; 4 \; b_5 \ldots$

wir sie ja konstruiert. r^* kann also auch nicht r_{17} sein, weil die Nachkommastelle b_{17} von r^* eine andere Ziffer ist als a_{17}^{17}, siehe Tab. 1.2.

Egal wie wir die reellen Zahlen zwischen 0 und 1 mit natürlichen Zahlen paaren, wir finden mit Cantors Diagonalargument immer eine reelle Zahl r^*, die nicht in der Liste steht. Das heißt, dass keine Paarung alle reellen Zahlen zwischen 0 und 1 trifft. Also gibt es mehr reelle Zahlen zwischen 0 und 1 als es natürliche Zahlen gibt.

Ein letzter Argumentationsschritt besteht darin zu sagen, dass wenn es schon zwischen 0 und 1 mehr reelle Zahlen als alle natürliche Zahlen zusammen gibt, dann gibt es natürlich auch insgesamt mehr reelle Zahlen als natürliche Zahlen.

Ende der Beweisskizze.

Wir wissen nun wie man die Größe von unendlichen Mengen vergleicht (indem man versucht, Paare zu bilden) und wir wissen, dass es unterschiedlich große, unendliche Mengen gibt, nämlich $\mathbb{N}$ und $\mathbb{R}$. Nun führen wir noch die Zeichen für Kardinalzahlen ein, die jeweils eine andere unendliche Größe bezeichnen. Die erste unendliche Kardinalzahl ist $\aleph_0$ (gesprochen: Aleph Null). Sie bezeichnet also die kleinste unendliche Größe und es gilt $|\mathbb{N}| = \aleph_0$. Danach kommen $\aleph_1, \aleph_2, \aleph_3$ usw. Für die Kardinalität von $\mathbb{R}$ gibt es nochmal ein Sonderzeichen: $|\mathbb{R}| = \mathfrak{c}$. Das $\mathfrak{c}$ steht für *continuum*. Mit dieser neuen Notation können wir den Satz von Cantor auch so ausdrücken: $\aleph_0 < \mathfrak{c}$. Es gibt mehr als $\aleph_0$ viele reelle Zahlen.

Da sich die natürlichen Zahlen schön in einer Liste abzählen lassen, größere Mengen wie die der reellen Zahlen aber nicht, unterscheiden wir auch zwischen *abzählbaren* und *überabzählbaren* Mengen. $\mathbb{N}$ ist also eine abzählbare Menge und $\mathbb{R}$ ist eine überabzählbare Menge.

Die Frage, die sich nach dem gerade geführten Beweis nun stellt, ist, ob es zwischen $\aleph_0$ und $\mathfrak{c}$ noch etwas dazwischen gibt. Wenn es zwischen $\aleph_0$ und $\mathfrak{c}$ noch etwas gibt, dann müsste es eine Menge geben, die mehr Zahlen als die natürlichen Zahlen enthält, aber weniger als alle reellen Zahlen: Gibt es eine Teilmenge der reellen Zahlen, $A \subseteq \mathbb{R}$, so dass $|\mathbb{N}| < |A| < |\mathbb{R}|$? Die Kontinuumshypothese besagt nun, dass es keine solche Menge gibt, dass also $\mathfrak{c} = \aleph_1$ gilt und $\mathfrak{c}$ damit genau die nächste Unendlichkeitsstufe nach $\aleph_0$ ist.

KONTINUUMSHYPOTHESE: $\mathfrak{c} = \aleph_1$.

Um die Kontinuumshypothese (CH für *continuum hypothesis*) zu beweisen, müsste man zeigen, dass es tatsächlich nur $\aleph_1$ viele reelle Zahlen gibt, und um CH zu widerlegen, müsste man zeigen, dass es mehr reelle Zahlen gibt, also mindestens $\aleph_2$ viele. Wie viele reelle Zahlen es genau gibt, weiß bisher niemand. Einige Mathematiker:innen glauben, dass wir es noch herausfinden. Andere hingegen sind überzeugt, dass das gar keine sinnvolle Frage mehr ist.

1.2 Axiomatische Mengenlehre als Grundlagentheorie: ZFC

Die mathematische Forschungsgemeinschaft akzeptierte unendliche Mengen erstmal nicht. Das lag hauptsächlich daran, dass sie mathematisch schwer greifbar waren und zu Paradoxien führten. Eine dieser Paradoxien basiert auf der Beobachtung, dass es keine Menge aller Mengen geben kann. Solch eine Universalmenge müsste sich selbst als Element enthalten. Analog besagt die Burali-Forti-Paradoxie, dass es keine Menge aller Ordinalzahlen geben kann, da diese Menge selbst eine Ordinalzahl wäre, die vorher noch nicht enthalten war. Das Phänomen der Selbstinklusion führt nicht im Allgemeinen zu einem Widerspruch, aber es ist unintuitiv und verursacht in einigen Fällen tatsächlich ernsthafte Probleme. Die berühmte Russell-Paradoxie über eine Menge R, die genau die Mengen enthält, die sich selbst nicht als Element enthalten, führt zu einem klaren Widerspruch: R ist genau dann ein Element von sich selbst, wenn es kein Element von sich selbst ist.[1] Mengentheoretiker:innen schlossen von diesen Paradoxien darauf, dass Selbstinklusion problematisch ist und besser vermieden werden sollte, und dass manche Objekte einfach zu groß sind, um

---

[1] Die zwei Argumente, die diese Paradoxie herleiten, sind: 1) Wenn man annimmt, dass R ein Element von R ist, dann gilt per Definition von R, dass sich R nicht selbst enthält, also ist R kein Element von R. 2) Wenn man annimmt, dass R kein Element von R ist, dann ist R eine Menge, die sich nicht selbst enthält. Per Definition von R ist R dann ein Element von R.

Mengen zu sein. Dies führte zu der Unterscheidung zwischen Klassen und Mengen. Heute sprechen wir von einer Klasse aller Mengen und einer Klasse aller Ordinalzahlen.

Während solche Schwierigkeiten bearbeitet wurden, stellte sich gleichzeitig heraus, dass unendliche Mengen ein mathematisch sehr brauchbares Konzept sind. Mathematiker:innen schafften es, verschiedenste mathematische Objekte als Mengen darzustellen. Zahlen können als Mengen dargestellt werden, genauso wie Funktionen oder geometrische Formen. Basierend auf dieser Eigenschaft begann die Mengenlehre als Grundlagentheorie für die gesamte Mathematik zu fungieren. Und obwohl es heutzutage einige Alternativen gibt, wie die Homotopietypentheorie oder die Kategorientheorie, wird die Mengenlehre nach wie vor als *die* Grundlagentheorie der Mathematik angesehen.

Eine wesentliche Eigenschaft einer Grundlagentheorie ist, dass jede mathematische Beweisführung auf diese Theorie zurückgeführt werden kann. Eine Grundlagentheorie muss in der Lage sein zu entscheiden, ob ein angeblicher Beweis wirklich ein Beweis ist oder nicht. Dafür ist das Konzept einer *axiomatischen* Theorie hilfreich. Wenn eine Grundlagentheorie die Axiome festlegt und jeder mathematische Beweis auf diese Axiome zurückgeführt werden kann, dann ist eine wesentliche Eigenschaft einer Grundlagentheorie erfüllt. Ernst Zermelo (1871–1953) und Abraham Fraenkel (1891–1965) entwickelten ZFC, eine axiomatische Theorie für Mengen, die die Paradoxien vermeidet und ausreichend allgemein ist, um als Grundlagentheorie für die gesamte Mathematik zu fungieren (Zermelo 1908, 1930; Fraenkel 1927). Das war eine neue Entwicklung. Die Axiomatisierung der Mengenlehre durch die ZFC-Axiome ermöglichte eine ganz neue Art mathematischer Arbeit. Wegen dieser axiomatischen Arbeitsweise zählt die Mengenlehre als ein Bereich der mathematischen Logik. In der offiziellen Klassifizierung mathematischer Teildisziplinen *(Mathematics Subject Classification)* ist die Mengenlehre eine Unterdisziplin der mathematischen Logik.

Der Forschungsbereich der mathematischen Logik untersucht das Konzept axiomatischer Systeme im Allgemeinen und die Mengenlehre verwendet ein spezielles axiomatisches System, ZFC. Die Theorie ZFC ist eine axiomatische Theorie in erststufiger Prädikatenlogik (auch klassische Logik genannt). Die erststufige Prädikatenlogik enthält logische Axiome und Inferenzregeln wie Modus Ponens *(Wenn die Aussage A gilt und wir wissen, dass aus A die Aussage B folgt, dann können wir B schlussfolgern)*. Die logischen Axiome und Inferenzregeln bestimmen, welche Schlussfolgerungen in einem axiomatischen System erlaubt sind. Die Logik legt also fest, wie geschlussfolgert werden darf. Sie legt aber nicht fest, was über den entsprechenden Gegenstandsbereich – in unserem Fall über Mengen – gelten soll. Dafür sind die mengentheoretischen Axiome zuständig. Die folgende Liste gibt alle

1.2 Axiomatische Mengenlehre als Grundlagentheorie: ZFC

ZFC-Axiome an und legt damit alle grundlegenden Eigenschaften von Mengen fest. Die Axiome besagen, dass es überhaupt Mengen gibt, wie man aus vorhandenen Mengen andere Mengen bekommt, und welche Regeln für Mengen gelten. Es führt an dieser Stelle zu weit jedes Axiom zu erläutern. Ich möchte Ihnen die Liste aber nicht vorenthalten.

EXTENSIONALITÄTSAXIOM
Zwei Mengen sind genau dann gleich, wenn sie genau dieselben Elemente enthalten.

PAARMENGENAXIOM
Für je zwei Mengen a und b gibt es die Menge $\{a, b\}$.

VEREINIGUNGSMENGENAXIOM
Für jede Menge x gibt es eine Menge, die die Elemente aller Elemente von x enthält (die Vereinigung aller Elemente von x).

POTENZMENGENAXIOM
Für jede Menge x gibt es eine Menge $\mathcal{P}(x)$, die alle Teilmengen von x als Elemente enthält ($\mathcal{P}(x) = \{a : a \subseteq x\}$).

AUSSONDERUNGSSCHEMA
Für jede Menge x und jede Eigenschaft φ (formuliert in erststufiger Prädikatenlogik), gibt es eine Menge, die alle Elemente von x mit der Eigenschaft φ enthält. (Wir sondern aus x eine definierbare Teilmenge aus.)

UNENDLICHKEITSAXIOM
Es gibt eine unendliche Menge.

ERSETZUNGSSCHEMA
Sei F eine Funktion und x eine Menge. Dann gibt es eine Menge, deren Elemente $F(a)$ für $a \in x$ sind. (Jedes Element a von x wird durch den Funktionswert $F(a)$ ersetzt und wir erhalten wieder eine Menge.)

FUNDIERUNGSAXIOM
Es gibt keine unendlich absteigende Folge von Elementen: $a_1 \ni a_2 \ni a_3 \ni a_4 \ldots$. (Daraus folgt, dass keine Menge sich selbst als Element enthalten kann. Sonst würden wir eine unendliche Folge bekommen: $x \ni x \ni x \ni x \ldots$)

AUSWAHLAXIOM
Zu jeder Familie von Mengen gibt es eine Auswahlfunktion, die aus jeder Menge genau ein Element auswählt.

Mit Hilfe der ZFC-Axiome kann man schon ganz gut erklären, welche Mengen es insgesamt alle gibt. Diese werden üblicherweise in der Klasse aller Mengen, dem sogenannten Mengenuniversum, V, zusammengefasst. V ist eine Hierarchie von Mengen, aufgebaut in Stufen, die von den Ordinalzahlen nummeriert werden: $V_0, V_1, V_2, \ldots, V_\omega, V_{\omega+1}, V_{\omega+2}, \ldots$. Wir beginnen mit der leeren Menge, $V_0 = \emptyset$, und nehmen für die nächste Stufe immer die Potenzmenge der vorherigen Stufe, also $V_{\alpha+1} = \mathcal{P}(V_\alpha)$. Wenn wir an einen Limesschritt kommen, wie zum Beispiel ω, dann nehmen wir einfach alle vorherigen Stufen zusammen: $V_\beta = \bigcup_{\alpha < \beta} V_\alpha$ für Limesordinalzahlen β. Dann ist jede Menge in einer bestimmten Stufe von V enthalten. Daher zeichnen Mengentheoretiker:innen V meist als großes ‚V' mit horizontalen Linien für die einzelnen Stufen. Eine vertikale Linie in der Mitte veranschaulicht die Ordinalzahlen, siehe Abb. 1.2.

Obwohl die ZFC-Axiome irgendwann in der mathematischen Forschungsgemeinschaft akzeptiert wurden, lief dies nicht ohne Streit ab. Das Auswahlaxiom (AC für *axiom of choice*) war das umstrittenste Axiom. Heutzutage wird es aber allgemein akzeptiert. In detaillierter mathematischer Arbeit untersuchten Mengentheoretiker:innen anschließend das Potenzial und die Grenzen der ZFC-Axiome. Für dieses Ziel werden insbesondere auch logische Methoden benutzt. Im Vergleich zu

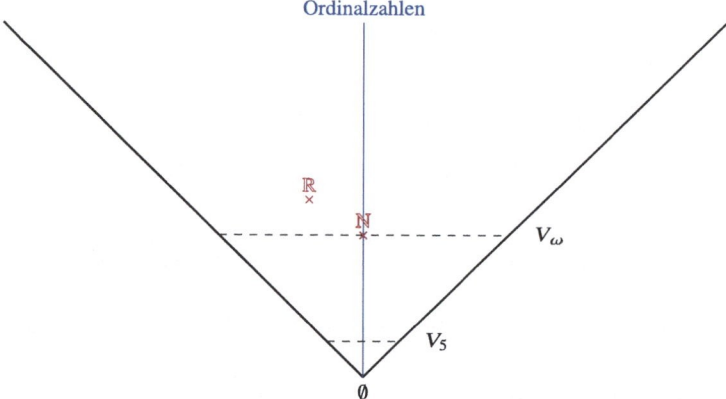

Abb. 1.2 Das Mengenuniversum, V

anderen mathematischen Forschungsbereichen ist die enge Verstrickung der Mengenlehre mit logischen Methoden ein Herausstellungsmerkmal, genau wie die Rolle der Mengenlehre als Grundlagentheorie. In vielerlei Hinsicht funktioniert die Mengenlehre trotzdem genau wieder jeder andere mathematische Forschungsbereich.

1.3 Unvollständigkeit von ZFC

Da die Mengenlehre auf der axiomatischen Theorie ZFC beruht, treffen auch auf sie die logischen Theoreme zu, die für alle axiomatischen Theorien gelten. Dazu gehören die Unvollständigkeitssätze, bewiesen von Kurt Gödel (1906–1978). Diese nehmen Bezug auf die axiomatische Standardtheorie für die natürlichen Zahlen, die *Peano-Arithmetik* (PA).

Theorem 1.2 (Unvollständigkeitssätze (Gödel 1930, 1931)) *Jede rekursiv aufzählbare axiomatische Theorie T, die ein genügend starkes Fragment der Peano-Arithmetik interpretieren kann,*

1. *ist syntaktisch unvollständig, das heißt, es gibt einen Satz G (der Gödelsatz), der in dieser Theorie weder beweisbar noch widerlegbar ist, und*
2. *kann ihre eigene Widerspruchsfreiheit nicht beweisen.*

Der erste Gödelsche Unvollständigkeitssatz sagt also, dass es Aussagen wie den Gödelsatz gibt, die jenseits der Beweiskraft einer gegebenen Theorie T liegen. Diese Aussagen haben einen Namen.

Definition 1.1 (Unabhängige Aussage einer Theorie) Ein Satz s, der in einer axiomatischen Theorie T weder beweisbar noch widerlegbar ist, heißt *unabhängiger* Satz; der Satz s ist unabhängig von T.

Der zweite Unvollständigkeitssatz sagt, dass die Widerspruchsfreiheit (Englisch: *consistency*) selbst ein unabhängiger Satz ist. Im Fall der Mengenlehre kann also ZFC den Satz ‚ZFC ist widerspruchsfrei' weder beweisen noch widerlegen. (Üblicherweise kürzen wir diese Konsistenzaussage als Con(ZFC) für ‚*ZFC is consistent*' ab.)

Die Gödelschen Unvollständigkeitssätze gelten nur für Theorien, die genügend Arithmetik enthalten, weil die Beweise der Unvollständigkeitssätze Arithmetik verwenden, um metatheoretische Aussagen wie beispielsweise „s ist beweisbar' als

Aussagen über natürliche Zahlen zu codieren. Diese Methode heißt *Gödelcodierung* und ihre Entwicklung war ein technischer Meilenstein in der Logik.[2] Aus diesem Grund beziehen sich die Gödelschen Unvollständigkeitssätze auf die Peano-Arithmetik. Als Standardaxiome für die natürlichen Zahlen $\mathbb{N} = \{0, 1, 2, \ldots\}$ legen die PA-Axiome fest, wie man natürliche Zahlen addiert und multipliziert, dass es eine erste natürliche Zahl, die 0, gibt, dass jede natürliche Zahl einen Nachfolger hat, und dass man Aussagen über *alle* natürlichen Zahlen per Induktionsbeweis zeigen kann. Die Theorie PA ist schwächer als die Theorie ZFC in dem Sinne, dass jeder in PA beweisbare Satz über die natürlichen Zahlen auch in ZFC beweisbar ist. Dafür benutzen wir in der Mengenlehre folgende übliche Darstellung von Zahlen als Mengen:

die 0 als leere Menge: $0 = \emptyset$;
die 1 als Menge, die nur die 0 enthält: $1 = \{0\}$;
die 2 als Menge, die genau 0 und 1 enthält: $2 = \{0, 1\}$;
die 3 als Menge, die genau 0, 1 und 2 enthält: $3 = \{0, 1, 2\}$. Das sind alle natürlichen Zahlen, die kleiner als 3 sind.

Im Allgemeinen stellen wir eine Zahl n als die Menge aller Zahlen kleiner n dar: $n = \{0, 1, 2, \ldots, n - 1\}$.

Diese festgelegte Darstellung (es handelt sich hier um eine Konvention, nicht um eine inhaltliche Aussage!) hat den Vorteil, dass die Menge, die die Zahl n darstellt, genau n viele Elemente enthält. Zählen Sie beispielsweise mal die Elemente in der Menge, die die 3 darstellt: $3 = \{0, 1, 2\}$. Das sind genau drei Elemente. Erinnern Sie sich an die Behauptung, dass verschiedenste mathematische Objekte als Mengen dargestellt werden können (siehe 1.2)? Die Darstellung der natürlichen Zahlen als Mengen ist genau das, was wir damit meinen.

Die Gödelschen Unvollständigkeitssätze zeigen, dass die mathematische *Beweiskraft* Grenzen hat. Die Unvollständigkeitssätze treffen auch auf PA selbst zu. In PA handelt es sich bei den unabhängigen Aussagen aber hauptsächlich um Gödelsätze und Konsistenzaussagen, also um *metatheoretische* Aussagen über die formale Theorie. In ZFC handelt es sich bei den unabhängigen Aussagen jedoch auch um mathematische Aussagen wie zum Beispiel die Kontinuumshypothese. CH ist eine

---

[2] Die Idee der Gödelcodierung benutzt, dass auch metatheoretische Sätze formal unter der Verwendung weniger Symbole formuliert werden können. Jedes solche Symbol bekommt eine bestimmte natürliche Zahl zugewiesen und daraus wird dann der Code einer Aussage so erzeugt, dass verschiedene Aussagen zuverlässig unterschiedliche Codes bekommen. Wenn man dann über eine natürliche Zahl wie die 1375 spricht, kann man gleichzeitig über die metatheoretische Aussage, die von der Zahl 1375 codiert wird, sprechen.

1.3 Unvollständigkeit von ZFC

mathematische Aussage über die Größe unendlicher Mengen. Einen ersten Hinweis darauf, dass CH unabhängig von ZFC sein könnte, gab Gödels Definition des sogenannten konstruktiblen Universums L. In L ist CH wahr, aber auch eine zusätzliche Aussage, nämlich, dass jede Menge konstruktibel ist, formal ausgedrückt: $V = L$. Gödels Ergebnis zu L zeigte, dass CH in ZFC nicht widerlegt werden kann. Aber bisher hatte es auch noch niemand geschafft, CH zu beweisen.

Die finale Bestätigung, dass die Kontinuumshypothese unabhängig von ZFC ist, gab Paul Cohen (1934–2007) (Cohen 1963, 1964, 1966) als er die Forcingmethode einführte. Er zeigte, dass CH in ZFC auch nicht beweisbar ist. Damit war nun klar, dass CH von ZFC unabhängig ist. Mengentheoretiker:innen entwickelten die Forcingmethode seitdem intensiv weiter und wendeten sie erfolgreich auf zahlreiche offene Fragen an. Auf diese Weise konnten sie zeigen, dass viele mathematische Aussagen von ZFC unabhängig sind. Beispiele unabhängiger Aussagen heißen allgemeine Kontinuumshypothese, Suslins Hypothese, oder Borelvermutung. Und es gibt noch viele mehr.

Die Präsenz dieser mathematischen Aussagen, die von ZFC unabhängig sind, nennen wir das mengentheoretische *Unabhängigkeitsphänomen*. Das mengentheoretische Unabhängigkeitsphänomen ist also aufgrund dieser Ergebnisse ein substantielles mathematisches Phänomen und betrifft nicht nur logische Sonderfälle wie im Fall der Theorie PA.

Die Unabhängigkeit der Kontinuumshypothese

2.1 Unabhängigkeit: logisch und mengentheoretisch

In diesem Kapitel gehen wir in die Tiefe. Statt einen Überblick zu geben, soll hier eine mathematische Argumentation nachvollzogen werden. Um den Zusammenhängen gerecht werden zu können, sind die Einführung einiger formaler Schreibweisen und Begrifflichkeiten notwendig. Nehmen Sie sich gern Stift und Zettel dazu und schreiben Sie wichtige Sachen auf. Zögern Sie auch nicht immer wieder zurück zu blättern, um nachzusehen, was die formalen oder technischen Begriffe bedeuten.

Zuerst brauchen wir für eine genaue Ausdrucksweise eine *formale Sprache* $\mathcal{L}$. Jede mathematische Aussage kann in eine formale Sprache übersetzt werden. So werden sprachliche Unklarheiten und Mehrdeutigkeiten vermieden. Üblicherweise enthält eine solche formale Sprache logische Zeichen, Variablenzeichen, Relationszeichen und eventuell Konstantenzeichen oder Funktionszeichen. Die mengentheoretische Sprache ist in dieser Hinsicht aber sehr sparsam. Sie enthält neben den üblichen logischen Zeichen für Negation ($\neg$: nicht), Konjunktion ($\wedge$: und), Disjunktion ($\vee$: oder), Implikation ($\rightarrow$: wenn ..., dann ...) und Äquivalenz ($\leftrightarrow$: ... genau dann, wenn ...), dem Existenz- und Allquantor ($\exists$: Es gibt ..., und $\forall$: für alle ... gilt), und den Variablenzeichen $v_0, v_1, v_2, \ldots$ nur ein einziges Relationszeichen: $\in$. Andere häufig verwendete Zeichen sind das Relationszeichen $<$, die Funktionszeichen $+, \cdot$, oder die Konstantenzeichen 0 und 1 (zum Beispiel für natürliche Zahlen). Das Gleichheitszeichen $=$ ist natürlich auch mit dabei, es wird meist nicht extra erwähnt.

In einer solchen Sprache $\mathcal{L}$ kann man nun sinnlose (z. B. ‚∧ ∨ ∧ ∨ ∧') und sinnvolle Zeichenfolgen bilden. Es ist explizit definiert, welche Ausdrücke sinnvoll sind. Wichtige sinnvolle Ausdrücke sind für uns die *Aussagen*.[1] Damit können wir nun erläutern, was eine *Theorie* ist. Üblicherweise erklärt eine Theorie Tatsachen über einen bestimmten Gegenstandsbereich, meist handelt es sich um eine Theorie *von* irgendetwas. In unserem Fall geht es um die *Theorie der Mengen*. In der Mathematik sind noch viele andere Theorien von Bedeutung, zum Beispiel die Theorie der natürlichen Zahlen.

Erst seit gut 100 Jahren haben Mathematiker:innen explizit festgelegt, was unter einer mathematischen Theorie verstanden werden soll. Hierzu sind zwei Begriffe zentral. Wir brauchen einerseits *Axiome* als grundlegende Bausteine einer Theorie und wir brauchen andererseits *logische Schlussregeln,* mit denen wir dann die ganze Theorie aus den Axiomen aufbauen können. In Kap. 1 haben wir die ZFC-Axiome kennengelernt (Abschn. 1.2) und auch über die PA-Axiome gesprochen. Wir haben auch eine Schlussregel, und zwar Modus Ponens, erwähnt.

Über die Schlussregeln werde ich hier nicht detailliert sprechen, wesentlich ist nur, dass diese selten von Theorie zu Theorie variieren. Die Axiome hingegen sind mathematisch reichhaltiger. Sie sind als Aussagen einer gegebenen formalen Sprache formuliert und gedacht als grundlegende Prinzipien über einen Gegenstandsbereich. Sie sollten so grundlegend wie möglich sein. Die Mathematiker:innen wollen nicht irgendwo in der Mitte anfangen mit dem Beweisen, sondern ganz am Anfang. Sind die Axiome festgelegt, besteht die Theorie aus allen Aussagen, die aus den Axiomen mit Hilfe der gegebenen Schlussregeln hergeleitet werden können.

Jetzt sind wir schon bei *dem* zentralen Begriff der Mathematik angekommen: *Beweisbarkeit.* Eine Aussage heißt in einer Theorie *beweisbar,* wenn er sich aus den Axiomen der Theorie mit Hilfe der Schlussregeln herleiten lässt. Man kann zudem definieren, dass eine Aussage s in einer Theorie *widerlegbar* ist, wenn seine Negation $\neg s$ beweisbar ist. In Zeichen schreiben wir T ⊢ s für ‚T beweist s', beziehungsweise T ⊢ $\neg s$ für ‚T widerlegt s'.

Die Theorie ZFC enthält also nicht nur die Axiome, die ich im letzten Kapitel angegeben habe, sondern auch alle Aussagen, die man aus diesen Axiomen herleiten kann. Dazu gehört zum Beispiel der Satz von Cantor (Theorem 1.1): $|\mathbb{N}| < |\mathbb{R}|$. Mit der neuen Schreibweise drücken wir das wie folgt aus: ZFC ⊢ $|\mathbb{N}| < |\mathbb{R}|$.

Diese Schreibweise hilft uns auch, die syntaktische Unvollständigkeit einer Theorie auszudrücken (Theorem 1.2). Sei T eine Theorie, auf die die Unvollstän-

---

[1] Im Detail sind Aussagen Formeln ohne freie Variablen. ‚$\neg v_0 \in v_1$' ist daher keine Aussage, aber ‚$\exists v_1 \forall v_0 \neg v_0 \in v_1$' ist eine Aussage. Diese Aussage drückt aus, dass es eine leere Menge gibt.

2.1 Unabhängigkeit: logisch und mengentheoretisch

digkeitssätze zutreffen, und G der Gödelsatz für T, dann gilt $T \not\vdash G$ und $T \not\vdash \neg G$. Das bedeutet, T kann G weder beweisen noch widerlegen.

Der Begriff der Beweisbarkeit, also Herleitbarkeit einer Aussage aus gegebenen Axiomen, ist ein *syntaktischer* Begriff: Er bezieht sich nur auf die Zusammenhänge von Ausdrücken der formalen Sprache. Der Syntax gegenüber steht die *Semantik*. In der Semantik untersuchen wir die Bedeutung formaler Ausdrücke und betrachten Modelle, in denen Aussagen wahr oder falsch sind. In der Semantik haben wir es nicht nur mit sprachlichen Ausdrücken zu tun, sondern auch mit tatsächlichen mathematischen Objekten, wie Zahlen und Mengen, und (kleinen) mathematischen Welten, in denen bestimmte Aussagen gelten oder nicht.

Nehmen Sie beispielsweise die Aussage $s = $ ‚Es gibt eine kleinste Zahl' und betrachten Sie die zwei Strukturen $(\mathbb{N}, <)$ und $(\mathbb{R}, <)$. Stellen Sie sich jetzt die Fragen: Gilt s in $(\mathbb{N}, <)$, und gilt s in $(\mathbb{R}, <)$? Dann stellen Sie fest, in $(\mathbb{N}, <)$ gibt es eine kleinste Zahl, nämlich die 0, also ist s in $(\mathbb{N}, <)$ richtig. In $(\mathbb{R}, <)$ gibt es hingegen keine kleinste Zahl. Zu jeder reellen Zahl r können wir eine kleinere finden, indem wir zum Beispiel 1 abziehen: $r - 1$. Damit ist s in $(\mathbb{R}, <)$ falsch. Wir benutzen für diesen Begriff der *Gültigkeit* das Symbol $\models$. Es sieht so ähnlich aus wie das Beweisbarkeitszeichen, hat aber zwei horizontale Striche. In unserem Beispiel haben wir uns also überlegt, dass $(\mathbb{N}, <) \models$ ‚Es gibt eine kleinste Zahl' gilt und $(\mathbb{R}, <) \models$ ‚Es gibt keine kleinste Zahl'.

Die zwei Strukturen $(\mathbb{N}, <)$ und $(\mathbb{R}, <)$ sind zwei Zahlstrukturen, in denen wir sinnvoll fragen können, ob eine gegebene Aussage über Zahlen gilt oder nicht. Eine *Struktur* ist eine Menge mathematischer Objekte, die erstmal nur dazu da ist, die Symbole einer formalen Sprache $\mathcal{L}$ zu interpretieren. Wenn zum Beispiel $\mathcal{L}$ nur das $<$-Zeichen enthält, dann können wir in einer $\mathcal{L}$-Struktur $(M, <)$ fragen, ob für zwei Elemente $a, b \in M$ gilt $a < b$. Entweder stimmt das $((M, <) \models a < b)$, oder nicht $((M, <) \models \neg a < b)$. Strukturen interpretieren also die Symbole einer formalen Sprache.

Eigentlich interessieren wir uns aber für *Modelle* von Theorien. Eine Theorie ist immer in einer gegebenen formalen Sprache $\mathcal{L}$ formuliert; eine Theorie enthält die festgelegten Axiome und alle Aussagen, die man aus diesen Axiomen herleiten kann. Für die Theorie der natürlichen Zahlen, PA, benutzen wir beispielsweise die Sprache $\mathcal{L}_{PA} = \{0, 1, +, \cdot, <\}$. Die Theorie PA enthält dann unter vielen anderen die Aussage ‚0 ist die kleinste Zahl' (formal ausgedrückt: $\forall x : 0 < x \vee 0 = x$, also: *jedes x ist entweder größer als 0 oder selbst die 0*). Wenn wir nun ein Modell der Theorie PA haben wollen, dann muss dieses Modell zuerst eine $\mathcal{L}_{PA}$-Struktur sein. Das heißt, das Modell interpretiert jedes Symbol der Sprache $\mathcal{L}_{PA} = \{0, 1, +, \cdot, <\}$: in dem Modell gibt es also eine 0 und eine 1, man kann addieren und multiplizieren, und man kann fragen ob eine Zahl aus dem Modell kleiner ist als eine andere Zahl. Damit eine solche $\mathcal{L}_{PA}$-Struktur darüber hinaus ein Modell von PA ist, müssen in diesem Modell alle Aussagen der Theorie PA erfüllt sein. Insbesondere darf es in diesem Modell also keine Zahl kleiner 0 geben. Daher ist ($\mathbb{N}$, 0, 1, +, ·, <) ein Modell von PA. Im Gegensatz dazu ist ($\mathbb{R}$, 0, 1, +, ·, <) zwar auch eine $\mathcal{L}_{PA}$-Struktur, weil es in $\mathbb{R}$ auch eine 0 und eine 1 gibt, man auch addieren und multiplizieren kann und fragen kann, ob eine Zahl kleiner ist als eine andere. Aber ($\mathbb{R}$, 0, 1, +, ·, <) ist kein Modell von PA, weil die Aussage ‚0 ist die kleinste Zahl' in ($\mathbb{R}$, 0, 1, +, ·, <) nicht gilt.

Umgekehrt kann man ausgehend von einer gegebenen Struktur fragen, welche Aussagen alle in dieser Struktur gelten. Das zielt meist darauf ab, diese Struktur zu charakterisieren und ihre wesentlichen Eigenschaften herauszufiltern. So sind beispielsweise die PA-Axiome konzipiert. In $\mathbb{N}$ gelten alle PA-Axiome, da diese Axiome ja gerade dazu da sind, die Struktur der natürlichen Zahlen zu charakterisieren. Wegen der Gödelschen Unvollständigkeitssätze gibt es noch ganz komische weitere Modelle von PA, die sogenannten *Nichtstandardmodelle,* in denen es unendlich große natürliche Zahlen gibt – wie gesagt, diese Modelle sind sehr seltsam. Aber in all diesen Modellen von PA gilt beispielsweise die Gaußsche Summenformel, die die Summe der ersten natürlichen Zahlen bis n berechnet. Das können wir entweder ausführlich so ausdrücken: $M \models$ ‚$1 + 2 + 3 + \ldots + n = \frac{n(n+1)}{2}$' für jedes Modell M mit $M \models$ PA, gesprochen: in M gilt $1 + 2 + 3 + \ldots + n = \frac{n(n+1)}{2}$ für jedes Modell M von PA. Die Aussagen, die in *jedem* Modell einer Theorie gelten, haben einen besonderen Status. Wenn es kein Modell der Theorie gibt, in dem eine bestimmte Aussage falsch ist, dann wird diese Aussage von der Theorie notwendigerweise impliziert. Daher schreiben wir auch PA $\models$ ‚$1 + 2 + 3 + \ldots + n = \frac{n(n+1)}{2}$', um auszudrücken, dass die Gaußsche Summenformel in allen Modellen von PA gilt.

Die letzte Formulierung ist nicht nur zufällig sehr ähnlich zu dem Ausdruck PA $\vdash$ ‚$1 + 2 + 3 + \ldots + n = \frac{n(n+1)}{2}$', der ausdrückt, dass die Gaußsche Summenformel in PA beweisbar ist (aus den PA-Axiomen herleitbar). Natürlich kann man die Gaußsche Summenformel auch formal aus den PA-Axiomen herleiten. Dies deutet einen engen Zusammenhang zwischen Syntax und Semantik an, genauer zwischen Beweisbarkeit in einer Theorie T und Gültigkeit in allen Modellen einer Theorie T. Dieser Zusammenhang ist grundlegend und zeigt, dass Beweisbarkeit und Gültigkeit in Modellen sinnvoll definiert sind. Es gilt nämlich allgemein, dass wenn eine Aussage s in einer Theorie T beweisbar ist, sie dann auch in jedem Modell von T gilt, also T $\vdash s \Rightarrow$ T $\models s$. Umgekehrt gilt auch, dass wenn eine Aussage s in jedem Modell einer Theorie T gilt, sie dann in T beweisbar ist, also T $\models s \Rightarrow$ T $\vdash s$. Gödel hat bewiesen, dass beides tatsächlich stimmt:

2.1 Unabhängigkeit: logisch und mengentheoretisch

Theorem 2.1 (**Vollständigkeitssatz der Prädikatenlogik erster Stufe (Gödel 1930)**) *Sei $\mathcal{L}$ eine formale Sprache erster Stufe, T eine Theorie formuliert in $\mathcal{L}$ und s eine $\mathcal{L}$-Aussage. Dann gilt: $T \vdash s \Leftrightarrow T \models s$. In Worten: s ist in T genau dann beweisbar, wenn s in allen Modellen von T gilt.*

Diesen engen Zusammenhang zwischen Syntax und Semantik benutzen Mengentheoretiker:innen ständig. Ein wichtiger Satz, der sich auch darauf bezieht, ist folgender:

Theorem 2.2 (**Satz von Löwenheim-Skolem**) *Zu jeder $\mathcal{L}$-Struktur M' gibt es eine abzählbare, elementar äquivalente $\mathcal{L}$-Struktur M.*

Dass M elementar äquivalent zu M' ist, bedeutet, dass in M genau dieselben $\mathcal{L}$-Aussagen gelten wie in M'. Dieser Satz beruht darauf, dass wir mit der formalen Sprache $\mathcal{L}$ nur abzählbar viele Aussagen bilden können. Also alles, was in einer $\mathcal{L}$-Struktur M' gilt, drücken wir mit abzählbar vielen Aussagen aus. Und um umgekehrt die Gültigkeit dieser abzählbar vielen Aussagen in einem Modell zu erreichen, reicht ein abzählbares Modell aus.

Eine wichtige Konsequenz, die den engen Zusammenhang zwischen Syntax und Semantik ebenfalls veranschaulicht, ist die Äquivalenz zwischen einer Konsistenzaussage einer Theorie und der Existenz eines Modells dieser Theorie. Für jede Theorie T gilt: T ist genau dann konsistent (widerspruchsfrei), wenn es ein Modell M von T gibt. Im ersten Kapitel hatten wir gesehen, dass die axiomatische Standardtheorie der Mengenlehre, ZFC, der unumstrittene Bezugspunkt jeder mathematischen Beweisführung ist. Jeder mengentheoretische Unabhängigkeitsbeweis etabliert letztendlich die Unabhängigkeit einer Aussage von dieser Standardtheorie. In Def. 1.1 hatten wir definiert: eine Aussage s ist von T unabhängig, wenn T die Aussage s weder beweist noch widerlegt. In diesem Fall kann man zu der Theorie T die Aussage s genau so wie die Negation $\neg s$ als neues Axiom hinzunehmen. Das schreiben wir mit einem ‚+‘: also $T + s$ oder $T + \neg s$. Die Theorie $T + s$ enthält folglich alle Aussagen, die wir aus den Axiomen von T und zusätzlich der Aussage s herleiten können (analog für $T + \neg s$). Wenn also s unabhängig von T ist, dann kann man in den Theorien $T + s$ und $T + \neg s$ keinen Widerspruch herleiten, also sind beide Theorien widerspruchsfrei. Daher gibt es zwei Modelle, eines von $T + s$ und eines von $T + \neg s$. (Für diese Definition brauchen wir, dass T selbst widerspruchsfrei ist. In Bezug auf die Theorie ZFC nehmen wir das an. Beweisen können wir es wegen dem zweiten Gödelschen Unvollständigkeitssatz aber nicht.)

Aus diesen vielen logischen Überlegungen ergibt sich nun das allgemeine Rezept für einen mengentheoretischen Unabhängigkeitsbeweis für eine Aussage s: Konstruiere ein Modell M_1 mit $M_1 \models \text{ZFC}+s$ und ein Modell M_2 mit $M_2 \models \text{ZFC}+\neg s$. Genau das haben Gödel und Cohen jeweils für CH gemacht. Gödel hat das Modell L konstruiert, für das gilt $L \models \text{ZFC} + \text{CH}$ und Cohen hat ein Forcingmodell $M[G]$ konstruiert, für das gilt $M[G] \models \text{ZFC} + \neg\text{CH}$. Im nächsten Abschnitt sehen wir uns kurz das Modell L an und konzentrieren uns dann auf das Forcingmodell.

2.2 Ein Modell für CH und ein Modell für ¬CH

2.2.1 Gödels L

Wenn die Kontinuumshypothese in einem Modell wahr sein soll, dann darf es nur $\aleph_1$ viele reelle Zahlen in diesem Modell geben. Das Modell L ist dafür gut geeignet, weil es ein sogenanntes Minimalmodell von ZFC ist. Damit ist gemeint, dass, sobald wir eine Menge aus L wegnehmen, die Theorie ZFC nicht mehr erfüllt ist (vorausgesetzt man ändert nichts an den Ordinalzahlen).

Das von Gödel (1938) konstruierte Modell L ist ein *inneres Modell* der Mengenlehre. Ein inneres Modell ist eine transitive Klasse von Mengen, die alle Ordinalzahlen enthält und die ZFC Axiome erfüllt. Eine *transitive Klasse* von Mengen enthält auch all die Elemente der Mengen, die sie enthält. Im Bereich der inneren Modelltheorie konstruieren und untersuchen Mengentheoretiker:innen eine große Bandbreite an inneren Modellen, von denen L das kleinste ist. Die Klasse aller Mengen, V, ist selbst auch eine transitive Klasse von Mengen. Ein inneres Modell kann man sich als kleineres ‚V' im großen ‚V' vorstellen, allerdings stimmt der untere Teil eines inneren Modells mit dem von V überein, weil es in Bezug auf die endlichen Mengen keinen Spielraum gibt. Aber ab der Stufe V_ω enthält V unendliche Mengen und hier kann ein inneres Modell sich schnell von V unterscheiden.

Das Modell L wird so definiert, dass es nur sogenannte konstruktible Mengen enthält. Die Eigenschaft einer Menge, konstruktibel zu sein, bedeutet, dass es eine Art Bauanleitung für die Menge gibt. Analog zum stufenweisen Aufbau des Mengenuniversums V gehen wir für L ganz ähnlich vor. Wir starten auch mit $L_0 = \emptyset$, nur statt der Potenzmenge nehmen wir im Übergang von einer Stufe zur nächsten weniger Mengen. Wenn wir L_α definiert haben, fügen wir in $L_{\alpha+1}$ nur die Teilmengen aus L_α hinzu, die wir mit einer logischen Formel (und Ordinalzahlparametern) definieren können, wir können das so schreiben: $L_{\alpha+1} = \mathcal{P}_{\text{def}}(L_\alpha)$. Für die endlichen Stufen macht das keinen Unterschied, aber für die unendlichen schon. Die unendlichen Stufen von L sind viel schmaler als die von V, weil wir in jeder unendlichen Stufe weniger Elemente dazu nehmen.

2.2 Ein Modell für CH und ein Modell für ¬CH

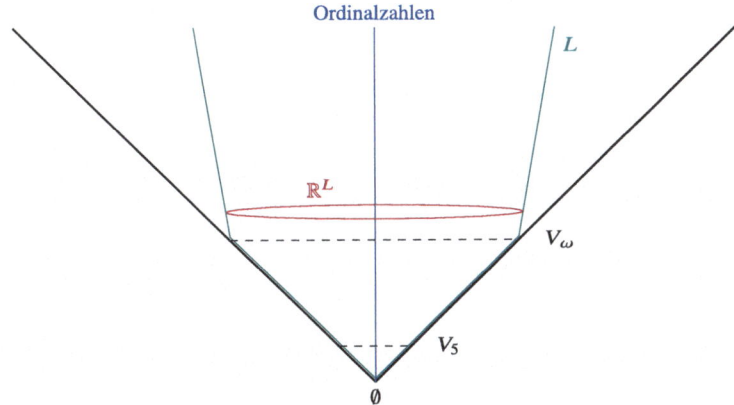

Abb. 2.1 Das konstruktible Universum, L

Da L ein sogenanntes Minimalmodell ist, gibt es in L also nur die reellen Zahlen, die es notwendigerweise in einem Modell von ZFC geben muss. Und Gödel hat gezeigt, dass es dann tatsächlich genau $\aleph_1$ viele reelle Zahlen sind: $L \models \mathfrak{c} = \aleph_1$. Die Menge der reellen Zahlen in L bezeichnen wir mit $\mathbb{R}^L$. Abb. 2.1 veranschaulicht das Modell L innerhalb des mengentheoretischen Universums V.

Die Konstruktion von L und der Nachweis, dass $L \models$ CH, liefert die eine Hälfte des Unabhängigkeitsbeweises der Kontinuumshypothese. Sehen wir uns nun die andere Hälfte an.

2.2.2 Cohens Forcingmodell

Um ein Modell zu bauen, in dem CH falsch ist, muss dieses Modells also größer sein als L und substantiell mehr reelle Zahlen enthalten. Um das zu erreichen, startete Cohen mit einer abzählbaren Version von L und fügte mit der Forcingmethode kontrolliert weitere reelle Zahlen hinzu, sodass es im konstruierten Modell, genannt $M[G]$, mindestens $\aleph_2$ viele reelle Zahlen gibt, siehe Abb. 2.2.

Die Schwierigkeit besteht natürlich darin, dass die reellen Zahlen, die Cohen hinzufügen möchte, nicht definierbar sind. Er konnte sie also nicht einfach angeben und als Elemente zu L hinzufügen. Er musste zeigen, dass es solche reellen Zahlen geben kann ohne sie explizit zu benennen.

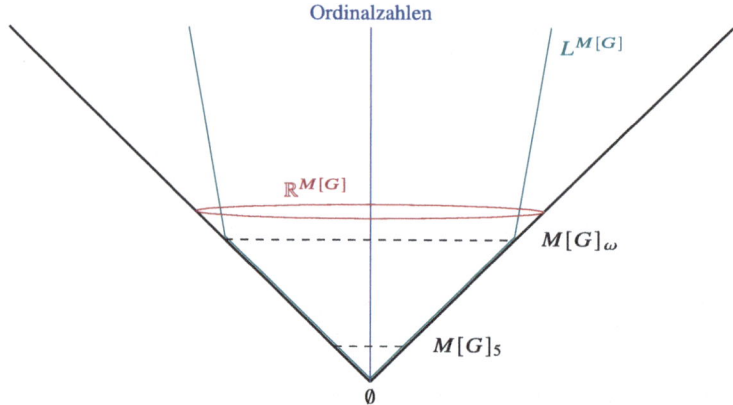

Abb. 2.2 Cohens Forcingmodell, $M[G]$

Das wollen wir jetzt nachmachen. Das Ziel ist also mindestens $\aleph_2$ viele reelle Zahlen hinzuzufügen. Dafür nutzen wir zuerst eine handlichere Darstellung der reellen Zahlen. Und zwar hat Cantor nicht nur gezeigt, dass $\mathbb{R}$ eine größere Menge ist als $\mathbb{N}$, sondern auch, dass allgemein die Potenzmenge einer unendlichen Menge immer mindestens eine Unendlichkeitsstufe größer ist: Es gilt $|x| < |\mathcal{P}(x)|$ für alle Mengen x. Für $\mathbb{N}$ gilt also auch $|\mathbb{N}| < |\mathcal{P}(\mathbb{N})|$. Und nicht nur das, sondern es gilt außerdem $|\mathcal{P}(\mathbb{N})| = \mathfrak{c} = |\mathbb{R}|$ (das zeigt man wieder, indem man Paare von je einer Teilmenge natürlicher Zahlen und einer reellen Zahl bildet, und das geht tatsächlich auf). Das heißt, die Menge der natürlichen Zahlen hat genau so viele Teilmengen wie es reelle Zahlen gibt.

Unsere Aufgabe hat sich wie folgt verändert: Wir müssen $\aleph_2$ viele Teilmengen natürlicher Zahlen hinzufügen. Teilmengen natürlicher Zahlen sind zum Beispiel die Menge aller geraden Zahlen, die Menge aller ungeraden Zahlen, die Menge aller Primzahlen, die Menge aller durch 3 teilbaren Zahlen, die Menge aller Zahlen, die auf 7 enden, etc. Davon brauchen wir noch wesentlich mehr, und vor allem welche, die wir mit Worten nicht beschreiben können. Sie dürfen ja nicht definierbar sein. Von den definierbaren Mengen gibt es nämlich nicht so viele. Um hier also weiter zu kommen, stellen wir solche Teilmengen etwas einfacher dar, und zwar als 0/1- Folgen der Länge ω. Nehmen Sie sich eine Teilmenge, die Sie gern darstellen wollen, zum Beispiel die Menge aller geraden Zahlen. Stellen Sie sich nun die natürlichen Zahlen als schöne Reihe vor: 0 1 2 3 4 . . ., und ersetzen Sie jetzt jede natürliche Zahl, die in Ihrer Teilmenge ist, mit einer 1 und jede natürliche Zahl, die nicht drin ist,

2.2 Ein Modell für CH und ein Modell für ¬CH

Tab. 2.1 Teilmengen von $\mathbb{N}$ als 0/1-Folgen der Länge ω

$\mathbb{N}$	0	1	2	3	4	5	6	7	8	9	10	11	...
Gerade Zahlen	0		2		4		6		8		10		...
	1	0	1	0	1	0	1	0	1	0	1	0	...
Ungerade Zahlen		1		3		5		7		9		11	...
	0	1	0	1	0	1	0	1	0	1	0	1	...
Primzahlen			2	3		5		7				11	...
	0	0	1	1	0	1	0	1	0	0	0	1	...
Durch 3 teilbare Zahlen	0			3			6			9			...
	1	0	0	1	0	0	1	0	0	1	0	0	...
Zahlen, die auf 7 enden								7					...
	0	0	0	0	0	0	0	1	0	0	0	0	...

mit einer 0. Sie erhalten: 1 0 1 0 1 .... Das können Sie mit jeder anderen Teilmenge auch machen, veranschaulicht in Tab. 2.1.

Mit dieser Darstellung brauchen wir also $\aleph_2$ viele unendliche 0/1-Folgen, die natürlich alle unterschiedlich sein müssen. Dafür beginnen wir mit einem (unendlich) großen Rechteck, wir sagen auch Kreuzprodukt. Statt Kardinalzahlen benutzen wir dafür Ordinalzahlen, da wir etwas abzählen wollen. Die entsprechende Schreibweise ist wie folgt: $\omega = \omega_0 = \aleph_0$, $\omega_1 = \aleph_1$, $\omega_2 = \aleph_2$, etc. Wenn wir ein kleines ω schreiben mit einem Index unten, dann sprechen wir über die Ordinalzahl dieser Größe und wenn wir das $\aleph$ mit einem Index unten verwenden, sprechen wir über dasselbe Objekt, aber als Kardinalzahl betrachtet. Das Rechteck hat an der kurzen Seite die Länge ω für die Länge der 0/1-Folgen. Die lange Seite ist ω_2 lang, weil wir ω_2 viele 0/1-Folgen brauchen. Wir sagen zu diesem Rechteck $\omega_2 \times \omega$.

Die Punkte in diesem Rechteck sind nun durch eindeutige Koordinaten bestimmt, so wie Breiten- und Längengrade Punkte auf der Erde bzw. einer Karte bestimmen. Die erste Koordinate ist eine Ordinalzahl kleiner ω_2 und die zweite Koordinate eine Ordinalzahl kleiner ω. Auf jeden dieser Punkte wollen wir jetzt eine 0 oder eine 1 setzen. Aber wir gehen ganz vorsichtig vor und füllen erstmal nur ein paar Punkte aus. An den Punkt $(4, 2)$ setzen wir zum Beispiel eine 1, an den Punkt $(\omega + 5, 1)$ setzen wir eine 0, an den Punkt $(\omega_1, 3)$ setzen wir eine 1, usw. Mit anderen Worten, wir bilden mit einer Funktion f endlich viele Punkte der Menge $\omega_2 \times \omega$, zusammengefasst in einer Menge $E \subseteq \omega_2 \times \omega$, auf jeweils ein Element der Menge $\{0, 1\}$ ab. Die endliche Menge E enthält alle Punkte, an denen wir eine

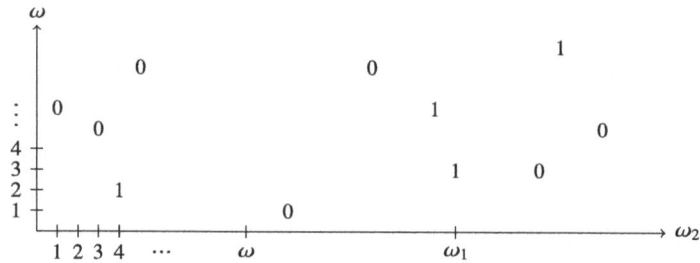

Abb. 2.3 $f : E \to \{0, 1\}$ für endliches $E \subseteq \omega_2 \times \omega$

0 oder 1 platziert haben, und die Funktion f gibt an, ob an diesen Punkten jeweils eine 0 oder eine 1 steht, siehe Abb. 2.3.

Sie finden in der Abbildung alle Punkte wieder, die ich oben genannt habe. Wenn Sie Lust haben, suchen Sie sie. Wir könnten das natürlich auch anders machen, und Nullen und Einsen an anderen Punkten platzieren. Dann bekommen wir eine andere Funktion als f, eventuell definiert auf einer anderen Menge als E. Und das ist auch sinnvoll. Wir betrachten jetzt nämlich alle Möglichkeiten endlich viele Nullen und Einsen auf beliebige Punkte im Rechteck zu platzieren. Jede dieser Möglichkeiten ließe sich ähnlich wie die Funktion f in Abb. 2.3 darstellen. Nun fassen wir all diese Möglichkeiten in einer großen Menge zusammen, die wir P nennen: $P = \{f \mid f : E \to \{0, 1\} \text{ mit } E \subseteq \omega_2 \times \omega \text{ endlich}\}$.

Interessanterweise können wir nicht nur alle solche Möglichkeiten in einer Menge P zusammenfassen, wir können einige davon auch vergleichen. Wenn eine Funktion f' auf einer Menge E' mit $E \subseteq E'$ definiert ist, sodass f' den Punkten aus E genau dieselben Zahlen zuordnet, aber an anderen Punkten noch weitere Nullen und Einsen hinzufügt, dann sagen wir f' *erweitert* f, siehe Abb. 2.4 (die hinzugekommenen Zahlen sind fett gedruckt).

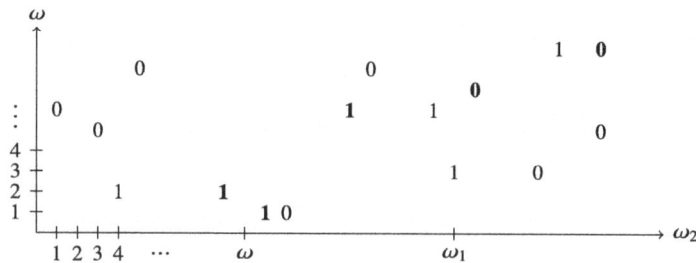

Abb. 2.4 $f' : E' \to \{0, 1\}$ mit $E \subseteq E'$

2.2 Ein Modell für CH und ein Modell für ¬CH

Für die Beziehung zwischen f und f' schreiben wir $f \leq f'$ und sagen in Vorbereitung auf die Forcingmethode, dass f' *stärker als* f ist. Die Idee hier ist, dass f' mehr Informationen enthält (mehr Nullen und Einsen) und daher eine stärkere *Forcingbedingung* ist.

Es gibt auch ganz andere Funktionen, die mit f nicht vergleichbar sind. Wenn eine Funktion zum Beispiel an dem Punkt (4, 2) eine 0 setzt, dann ist sie mit f nicht vergleichbar (und auch nicht mit f'). Das erklärt nun, warum die gesamte Menge P heißt, denn P ist *partiell geordnet:* Manche f und f' können wir vergleichen, manche andere Funktionen nicht. Cohens Forcingmethode startet immer mit einer partiellen Ordnung.

Mit all diesen einzelnen Forcingbedingungen aus P wollen wir letztendlich das ganze Rechteck so ausfüllen, dass die vertikalen Linien ω_2 viele verschiedene 0/1-Folgen darstellen. Aber auch wenn dieses Ziel relativ klar ist, ist es auf direktem Wege leider nicht erreichbar. Denn in dem Modell L würde das zum Beispiel gar nicht gehen. Wenn wir in L dieses Rechteck so gut es geht versuchen auszufüllen, so dass ω_2 viele verschiedene 0/1-Folgen rauskommen, wird jeder Versuch fehlschlagen. Denn es gibt in L nur ω_1 viele verschiedene 0/1-Folgen.

Jetzt brauchen wir also eine wirklich wirksame logische Trickserei. Ab hier wird es richtig kompliziert. Bisher haben wir so argumentiert wie wir es in jedem Modell von ZFC machen könnten. Wir haben uns noch gar nicht damit beschäftigt, dass wir ein bestimmtes Modell konstruieren müssen.

Stellen Sie sich nun vor, dass Sie ein Modell M von ZFC in den Händen haben. Irgendeine Mengenstruktur und darin sind alle ZFC-Axiome erfüllt. Dieses Modell nennen wir *Grundmodell,* weil wir von diesem Grundmodell ausgehend ein erweitertes Modell konstruieren wollen. Nun benutzen wir den Satz von Löwenheim-Skolem (Theorem 2.2) und können einfach annehmen, dass unser Grundmodell abzählbar ist. Das Modell M ist also selbst eine abzählbare Menge. In der Mengenlehre sind abzählbare Mengen relativ klein und handlich. Das ist also ein Riesenvorteil. Im Allgemeinen gehen wir beim Forcing so vor, dass wenn wir mit einem Modell von ZFC, M', starten, dann gehen wir direkt zu einem abzählbaren Modell M über, indem wir den Satz von Löwenheim-Skolem anwenden.

In unserem abzählbaren Grundmodell M haben wir nun die partielle Ordnung P definiert. Der nächste Schritt besteht darin, eine Menge G zu finden, welche es in M nicht gibt, aber außerhalb von M schon, und welche uns hilft unsere ω_2 vielen 0/1-Folgen zu erhalten. Gehen Sie nochmal zurück zu Abb. 2.2. Wenn wir als Grundmodell $M = L$ nehmen (in abzählbarer Variante), dann wollen wir eine Menge außerhalb von M zu fassen bekommen und davon ausgehend das erweiterte

Modell, bezeichnet als $M[G]$, konstruieren. Bildlich gesprochen wollen wir das schmale L auseinanderbiegen und breiter machen, sodass es mehr Mengen enthält. Die Menge G heißt *generische Menge* und enthält bestimmte Elemente aus P. Es gilt also $G \subseteq P$. Vielleicht enthält G auch unsere Funktion f aus Abb. 2.3. Wir können G sogar genau so wählen, dass G die Funktion f enthält. Darüber hinaus muss G ein paar wichtige weitere Eigenschaften erfüllen.

Zuerst einmal soll G nur Funktionen enthalten, die miteinander kombiniert werden können. Also wenn $f \in G$ und $g \in G$, dann muss es ein $f' \in G$ geben, sodass $f \leq f'$ und $g \leq f'$. Die Funktion f' erhält man, wenn man die beiden Funktionen f und g kombiniert. Die Funktion g könnte in der Abb. 2.4 zum Beispiel nur die fett gedruckten Nullen und Einsen sein. Zwei Funktionen in G müssen auf diese Art immer zu einer gemeinsamen Funktion erweitert werden können, die auch in G ist. Diese Eigenschaft brauchen wir, damit am Ende tatsächlich an jedem Punkt im Rechteck entweder eine 0 oder eine 1 steht und nicht irgendwie beides.

Die nächste wichtige Eigenschaft von generischen Mengen ist, dass sie jede dichte Menge $D \subseteq P$ mit $D \in M$ schneidet, das heißt aus jeder solchen dichten Menge enthält G mindestens ein Element. Was sind dichte Mengen von P? Eine Menge $D \subseteq P$ heißt *dicht,* falls für jedes $f \in P$ ein $d \in D$ existiert, sodass d die Funktion f erweitert, also $f \leq d$. Wenn wir eine solche dichte Menge D haben und irgendwelche Nullen und Einsen in unserem Rechteck platzieren, dann gibt es in D eine Funktion d, die unseren Anfang nimmt und ihn fortsetzt.

Über diese grundlegende Eigenschaft einer generischen Menge kann man viele spezifische Eigenschaften von G beweisen. Eine erste wichtige Eigenschaft von G ist, dass G überhaupt existiert. Dazu nutzen wir aus, dass die dichten Mengen, die G schneidet, alle im Grundmodell M enthalten sein müssen. Da M ein abzählbares Modell ist, enthält es auch nur abzählbar viele dichte Mengen. Diese können wir aufzählen: $D_0, D_1, D_2, D_3, \ldots$. Nun wollten wir ja, dass unser f aus Abb. 2.3 mit in G drin ist, also starten wir mit f und wählen aus D_0 eine Funktion d_0 aus, die f erweitert, $f \leq d_0$. Da D_0 in P dicht ist, gibt es ein solches d_0. Und so machen wir weiter. Aus D_1 wählen wir ein d_1, welches d_0 erweitert, usw. So erhalten wir eine Kette $f \leq d_0 \leq d_1 \leq d_2 \ldots$. Jedes d_i fügt weitere Nullen und Einsen im Rechteck hinzu. Diese Funktionen packen wir nun alle in die Menge G rein, *et voilà,* unsere generische Menge ist fertig: $G = \{f, d_0, d_1, d_2, \ldots\}$.[2] Nach Konstruktion enthält G aus jeder dichten Menge $D \subseteq P$ mit $D \in M$ eine Funktion. Aus z. B. D_{137}

---

[2] Für Leser:innen, die es etwas genauer wissen wollen: G enthält eigentlich auch noch alle Anfangsstücke der Funktionen $f, d_0, d_1, \ldots$. Das ändert aber hier nichts an der Argumentation.

2.2 Ein Modell für CH und ein Modell für ¬CH

enthält G die Funktion d_{137}. Und für je zwei Funktionen aus G, z. B. d_4 und d_{137}, enthält G auch eine Funktion, die beide erweitert, nämlich d_{138}.

Wir haben damit bewiesen, dass es eine generische Menge $G \subseteq P$ gibt. Aber warum ist G nicht im Grundmodell M? Das Grundmodell erfüllt doch das Potenzmengenaxiom, also enthält es auch die Potenzmenge von P, die wiederum alle Teilmengen von P enthält. Und G ist eine von diesen Teilmengen von P. Ja, das stimmt, aber was ‚alle' heißt, variiert leider manchmal von Modell zu Modell. Da das Grundmodell M abzählbar ist, kann M höchstens abzählbar viele Teilmengen von P tatsächlich als Elemente enthalten. Und G ist nicht dabei. Denn betrachten wir mal die Menge P ohne die Funktionen in G, das schreiben wir so: $P \setminus G$. Dann ist das selbst eine dichte Menge: Sei p eine beliebige Funktion in P, dann gibt es eine Zahl i, sodass $d_i \not\leq p$ (die Funktion p kann nicht alle d_i erweitern, weil p dann nicht mehr endlich wäre) und d_i hat schon mehr Nullen und Einsen platziert als p. Es gibt also einen Punkt in d_i, der mit einer 0 oder 1 besetzt ist, der aber in p noch frei ist. Wenn d_i an diesem Punkt eine 0 zu stehen hat, erweitern wir p, indem wir dort eine 1 hinsetzen. Und falls d_i dort eine 1 zu stehen hat, erweitern wir p, indem wir dort eine 0 hinsetzen. In beiden Fällen erhalten wir eine Funktion p', die p erweitert, also $p \leq p'$. Außerdem können p' und d_i nicht von einer gemeinsamen Funktion erweitert werden, weil sie an dem einen Punkt unterschiedliche Zahlen zu stehen haben. Da aber in G alle Funktionen kombinierbar sein müssen, können d_i und p' nicht beide in G sein. Da $d_i \in G$, gilt also $p' \notin G$. Also haben wir für ein beliebiges $p \in P$ eine Funktion p' gefunden mit $p \leq p'$ und $p' \notin G$. Damit ist $p' \in P \setminus G$. Wir haben gezeigt, dass $P \setminus G$ eine dichte Menge ist. Weil wir genau diesen Beweis in dem Grundmodell M führen können, existiert G in M nicht. Denn dann könnten wir ja eine dichte Menge angeben, die G nicht schneidet.

Dieser Absatz ist nur für Leser:innen, die Lust auf ein paar Gehirnverknotungen haben: Wir haben also zuerst einen Beweis außerhalb von M in der Metaebene geführt, der zeigt, dass eine generische Menge existiert. Diesen Beweis können wir innerhalb von M nicht führen, denn wir benutzen als wesentlichen Argumentationsschritt, dass M nur abzählbar viele dichte Mengen von P enthält. Aber M selbst sieht das nicht. Das Modell M weiß selbst nicht, dass es abzählbar ist. Da in M alle ZFC-Axiome gelten, denkt M, es sei das gesamte mengentheoretische Universum, V! Den zweiten Beweis, dass G nicht existiert, haben wir innerhalb von M geführt. Dabei haben wir angenommen, es gäbe eine generische Menge G und dies zu einem Widerspruch geführt: $M \models \neg \exists G$. Wenn aber G in M nicht enthalten ist, dann ist auch die Menge $P \setminus G$ in M nicht enthalten. Auch außerhalb von M gilt immernoch, dass $P \setminus G$ eine dichte Menge aus P ist, die von G nicht geschnitten wird. Aber wir haben ja für G auch nur gefordert, dass G alle dichten Mengen schneiden muss, die in M enthalten sind. Somit haben wir tatsächlich eine Menge G gefunden, die es in M nicht gibt, aber außerhalb von M schon. Paul Cohen sagte später:

> Ich kann versichern, dass in meiner eigenen Arbeit einer der schwierigsten Schritte im Beweisen von Unabhängigkeitsresultaten darin bestand, die psychologische Angst davor zu überwinden, über die Existenz verschiedener mengentheoretischer Modelle wie über natürliche mathematische Objekte nachzudenken, für die man die übliche mathematische Intuition verwenden kann.[3] (Cohen 2002, S. 1072)

Jetzt bitte alle Leser:innen wieder an Bord kommen. Mit Hilfe der generischen Menge G erweitern wir nun das Modell M, indem wir G hinzufügen, und anschließend sicherstellen, dass immer noch alle ZFC-Axiome erfüllt sind. So erhalten wir ein Modell $M[G]$. In diesem Schritt steckt die eigentliche Wirksamkeit der Forcingmethode. Niemand hatte vermutet, dass man auf diese Weise wieder ein Modell erhalten kann, welches alle ZFC-Axiome erfüllt. Man bräuchte ein wesentlich dickeres Buch, um der Erläuterung dieser Schritte gerecht zu werden. An dieser Stelle ist es jedoch angebracht, kurz inne zu halten, um einen Überblick über den Gesamtbeweis zu geben und zu erklären, welchen Teil davon wir uns hier in diesem Buch ansehen. Folgende Teile sind für den Gesamtbeweis notwendig:

1. In $M[G]$ gibt es mindestens $\aleph_2$ viele reelle Zahlen.
2. Die Kardinalzahlen $\aleph_0$, $\aleph_1$ und $\aleph_2$ sind im Grundmodell M dieselben wie im Forcingmodell $M[G]$.
3. Das Modell $M[G]$ ist ein Modell von ZFC.
4. Die Gültigkeit einer Aussage s in $M[G]$ (in Zeichen: $M[G] \models s$) ist in M definierbar.

Ich erkläre in diesem Buch Teil 1 des Gesamtbeweises. Damit erkläre ich die mathematische Argumentation hinter Cohens Beweis, die am Ende zeigt, dass es ein Modell $M[G]$ gibt, in dem CH falsch ist. Teil 2 basiert auf einer wichtigen Eigenschaft der partiellen Ordnung P. Die Menge P erfüllt die sogenannte *countable chain condition,* die sicherstellt, dass die Kardinalzahlen $\aleph_0$, $\aleph_1$ und $\aleph_2$ beim Forcing erhalten bleiben. Teil 3 und 4 sind grundlegend wichtige Theoreme der Forcingmethode. Es handelt sich dabei um logische Zusammenhänge, die sicherstellen, dass die Forcingmethode überhaupt funktioniert. Diese Teile sind daher für jeden

---

[3] Übersetzt aus dem Englischen: „I can assure that, in my own work, one of the most difficult parts of proving independence results was to overcome the psychological fear of thinking about the existence of various models of set theory as being natural objects in mathematics about which one could use natural mathematical intuition."

2.2 Ein Modell für CH und ein Modell für ¬CH

Forcingbeweis gleich. Für dieses Buch konzentriere ich mich auf Teil 1 des Beweises, weil er am anschaulichsten erklärt, warum die Kontinuumshypothese in $M[G]$ falsch ist.

Sehen wir uns also als letzten Schritt an, warum $M[G] \models \neg\text{CH}$. Dafür benutzen wir noch zwei mal die Eigenschaft, dass G alle dichten Mengen $D \subseteq P$ schneidet. Zuerst vereinigen wir alle Funktionen aus G und benennen diese Menge als F. Es gilt also $F = \bigcup G = f \cup d_1 \cup d_2 \cup \ldots$. Nun behaupten wir, dass F das gesamte Rechteck mit Nullen und Einsen ausfüllt (1. Behauptung) und dass F für je zwei Ordinalzahlen $\alpha, \beta < \omega_2$ zwei verschiedene 0/1-Folgen enthält (2. Behauptung). Wenn das gezeigt ist, gibt es in $M[G]$ tatsächlich ω_2 viele verschiedene 0/1-Folgen.

1. Behauptung. Jeder Punkt im Rechteck soll eine 0 oder eine 1 erhalten. Die einzelnen Punkte werden durch die Koordinaten (α, n) bezeichnet, für ein $\alpha < \omega_2$ und ein $n < \omega$. Für jeden dieser Punkte sei $D_{\alpha,n} = \{d : E \to \{0, 1\} \mid (\alpha, n) \in E\}$. In $D_{\alpha,n}$ sind also alle Funktionen enthalten, die an dem Punkt (α, n) eine 0 oder eine 1 zu stehen haben, und keine Leerstelle. Jedes $D_{\alpha,n}$ ist eine dichte Menge in P. Denn sei $p \in P$ eine beliebige Funktion. Wenn p an dem Punkt (α, n) schon eine 0 oder 1 gesetzt hat, ist $p \in D_{\alpha,n}$. Und wenn p an dem Punkt (α, n) noch eine Leerstelle hat, dann setzen wir an diesen Punkt eine 0 oder 1, egal welche Zahl, und erhalten somit ein $d \in D_{\alpha,n}$, das p erweitert, also $p \leq d$. Damit haben wir gezeigt, dass $D_{\alpha,n}$ eine dichte Teilmenge von P ist. Da G jede dichte Menge schneidet, enthält G also für jeden Punkt (α, n) eine Funktion, die an dieser Stelle definiert ist. Somit ist $F = \bigcup G$ an jeder Stelle definiert. Das Rechteck ist voll mit Nullen und Einsen, es gibt keine Leerstellen.

2. Behauptung. Wir betrachten wieder dichte Mengen. Seien $\alpha, \beta < \omega_2$ zwei unterschiedliche Ordinalzahlen und sei $D_{\alpha,\beta} = \{p \in P \mid p(\alpha, n) \neq p(\beta, n)$ für ein $n < \omega\}$. Die Menge $D_{\alpha,\beta}$ enthält also alle Funktionen, die in Spalte α und Spalte β an mindestens einer Stelle n eine unterschiedliche Zahl platziert haben. Die Mengen $D_{\alpha,\beta}$ sind dicht, denn sei $p \in P$ eine beliebige Funktion. Da p nur endlich viele Nullen und Einsen im Rechteck gesetzt hat, enthält p auch in den Spalten α und β nur endliche viele Einträge. Somit gibt es ein n, sodass beide Punkte (α, n) und (β, n) noch frei sind. Dort setzen wir nun eine 1 an die Stelle (α, n) und eine 0 an die Stelle (β, n) (das könnten wir auch andersrum machen, es muss nur unterschiedlich sein). Damit haben wir ein $d \in D_{\alpha,\beta}$ definiert mit $p \leq d$. Also ist die Menge $D_{\alpha,\beta}$ dicht. Abb. 2.5 veranschaulicht die Funktionen in $D_{\alpha,\beta}$.

Wieder argumentieren wir, dass G jede dichte Menge schneidet, also auch jede Menge $D_{\alpha,\beta}$. Also enthält G für jede zwei Ordinalzahlen α und β eine Funktion, die an mindestens einer Stelle in Spalte α und Spalte β eine unterschiedliche Zahl

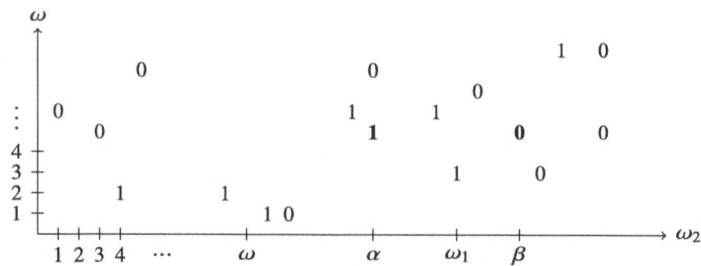

Abb. 2.5 Funktionen in $D_{\alpha,\beta}$

platziert hat. Deswegen hat auch F diese Eigenschaft. Also sind tatsächlich in F alle ω_2 vielen Spalten (also 0/1-Folgen) unterschiedlich.[4]

Wir sind fertig. Wir haben ein Modell $M[G]$ gefunden, in dem es ω_2 viele verschiedene 0/1-Folgen gibt. Es gilt also $M[G] \models \mathfrak{c} \geq \aleph_2$ und damit auch $M[G] \models \neg\text{CH}$. Das liefert die zweite Hälfte des Unabhängigkeitsbeweises der Kontinuumshypothese.

Cohens Resultat war der Anfang einer weitreichenden Forschungspraxis innerhalb der Mengenlehre. Sein Ergebnis, dass CH unabhängig ist, war bahnbrechend. Aber noch tiefgehendere Auswirkungen hatte die Einführung der neuartigen Forcingmethode, die sich qualitativ von vorherigen Beweistechniken unterscheidet. Glücklicherweise haben einige Mengentheoretiker:innen wie Robert Solovay (*1938) und Dana Scott diese Forcingtechnik schnell verstanden, weiter entwickelt und vielfach angewandt. So gehört das Konstruieren von Forcingmodellen heute zum Standardrepertoire der mengentheoretischen Beweismethoden. Durch diese Entwicklungen wurde das Ausmaß des mengentheoretischen Unabhängigkeitsphänomens klar.[5]

---

[4] An dieser Stelle noch ein kleiner Nebenkommentar für Leser:innen, die gern etwas tiefer einsteigen wollen. Wir hatten ja gesagt, dass wir in der Metaebene wissen, dass M nur abzählbar viele dichte Teilmengen aus P enthält. Damit hatten wir bewiesen, dass G existiert. Die dichten Mengen, die wir für die zwei Behauptungen betrachtet haben, sind aber eigentlich viel viel mehr. Allerdings machen wir uns hier zu nutze, dass die Argumentationen in $M[G]$ geführt werden können. $M[G]$ sieht auch nicht, dass M nur abzählbar viele dichte Teilmengen enthält. $M[G]$ sieht zwar, dass $G \notin M$, aber $M[G]$ denkt auch, es sei das ganze mengentheoretische Universum, V, und nur ein kleines Stückchen größer als M. Aus der Perspektive von $M[G]$ sind daher für alle $\alpha, \beta < \omega_2$ die Mengen $D_{\alpha,\beta}$ in M enthalten und G enthält eine Funktion aus jedem $D_{\alpha,\beta}$ (analoges Argument für $D_{\alpha,n}$).

[5] In (Džamonja und Kant 2019) geben wir einen Überblick über diese Entwicklungen.

Mengenlehre heute: neue Axiome   3

Eine einfache Idee, einige der Aussagen, die von ZFC unabhängig sind, zu beweisen oder zu widerlegen, besteht darin, weitere Axiome zu ZFC hinzuzufügen. In einer erweiterten Theorie von ZFC, die mehr Axiome enthält, können einige der Fragen, die ZFC nicht beantworten kann, beantwortet werden, indem einige Theoreme bewiesen werden können, die in ZFC nicht bewiesen werden konnten. Mengentheoretiker:innen untersuchen in ihrer Forschung deswegen sogenannte *neue Axiome*, um diese Idee genau unter die Lupe zu nehmen. Neue Axiome können als von ZFC unabhängige Aussagen charakterisiert werden, die man als grundlegende Prinzipien oder Ausgangspunkte deduktiver Herleitungen betrachtet. Die drei Hauptarten neuer Axiome, die in der Mengenlehre heute erforscht werden, sind *große Kardinalzahlaxiome, Determiniertheitsprinzipien* und *Forcingaxiome*.

Große Kardinalzahlaxiome wurden als erstes erforscht. Sie werden teilweise als verallgemeinerte Unendlichkeitsaxiome beschrieben, weil sie die Existenz sehr großer Kardinalzahlen behaupten, deren Existenz in ZFC selbst nicht beweisbar ist. Unerreichbare Kardinalzahlen und Mahlokardinalzahlen wurden zum Beispiel schon von Gödel betrachtet, als er darüber nachdachte, ob man ZFC nicht durch neue Axiome erweitern könnte.

> Diese Axiome [große Kardinalzahlaxiome bis zu Mahlokardinalzahlaxiomen, die zu dieser Zeit bekannt waren] zeigen nicht nur deutlich, dass das heute bekannte axiomatische System der Mengenlehre unvollständig ist, sondern auch, dass es ohne Willkür durch neue Axiome ergänzt werden kann, die lediglich die bereits begonnene Reihe von Axiomen auf natürliche Weise fortsetzen.[1] (Gödel 1947, S. 520)

---

[1] Übersetzt aus dem Englischen: „[T]hese axioms [large cardinal axioms up to Mahlo known at that time] show clearly, not only that the axiomatic system of set theory as known today is

Große Kardinalzahlaxiome kann man sich als linear geordnet vorstellen (es gibt allerdings ein paar Ausnahmen). Wenn man zwei große Kardinalzahlen nimmt, dann impliziert üblicherweise die Annahme, dass eine der beiden Kardinalzahlen existiert, auch die Existenz der anderen (aber meistens nicht auch andersrum). Wenn es Mahlokardinalzahlen gibt, dann gibt es darunter auch unerreichbare Kardinalzahlen, und wenn es messbare Kardinalzahlen gibt, dann gibt es darunter wiederum Mahlokardinalzahlen. Noch stärkere Annahmen sind die Existenz von Woodinkardinalzahlen, von superkompakten Kardinalzahlen, oder Vopěnkas Prinzip und I_0. In einem Versuch noch höher zu gehen, führte William N. Reinhardt (1939–1998) das Konzept einer Reinhardtkardinalzahl ein, aber Kenneth Kunen (1943–2020) bewies, dass die Existenz einer Reinhardtkardinalzahl dem Auswahlaxiom widerspricht. In der Theorie ZF (also ohne das Auswahlaxiom) kann man Reinhardtkardinalzahlen dennoch untersuchen – ein Forschungsfeld, was allerdings noch in den Kinderschuhen steckt.[2] Mengentheoretiker:innen haben eine enorme Menge an Wissen über große Kardinalzahlen angehäuft. Heute zählen große Kardinalzahlen zu den Standardobjekten der mengentheoretischen Forschung.

Determiniertheitsprinzipien tauchten später als große Kardinalzahlaxiome auf. David Gale (1921–2008) und F. M. Stewart (Lebensdaten unbekannt) untersuchten Eigenschaften von Teilmengen reeller Zahlen, insbesondere das Konzept einer determinierten Menge. Dieses Konzept ist erstmal gar nicht so schwer zu verstehen. Nehmen Sie eine Teilmenge der reellen Zahlen $A \subseteq \mathbb{R}$ und suchen Sie sich eine:n Spielpartner:in. Das Determnniertheitsspiel besteht nun darin, dass Sie beide abwechselnd eine Ziffer nennen (irgendeine Zahl zwischen 0 und 9). Im ersten Zug darf man auch ein Minus setzen und einmal muss einer von Ihnen beiden ein Komma setzen. Da reelle Zahlen unendlich viele Nachkommastellen haben, geht das Spiel unendlich lange weiter (Sie können es also leider nicht tatsächlich spielen, nur anfangen). Natürlich wollen beide gewinnen. Eine Person gewinnt, wenn am Ende ein reelle Zahl $r \in A$ herauskommt, und die andere Person gewinnt, wenn am Ende eine reelle Zahl $r \notin A$ herauskommt. Bei der Frage, ob die Menge A nun determiniert ist oder nicht, geht es letztendlich aber nicht darum, *wer* von beiden gewinnt, sondern darum, ob es für mindestens eine:n der Spieler:innen eine *Gewinnstrategie* gibt. Wenn es für mindestens eine Person eine Gewinnstrategie gibt, heißt die Menge A *determiniert;* wenn keine der Personen eine Gewinnstrategie haben kann, dann heißt A nicht determiniert.

---

incomplete, but also that it can be supplemented without arbitrariness by new axioms which are only the natural continuation of the series of those set up so far."

[2] Siehe (Bagaria et al. 2019).

3 Mengenlehre heute: neue Axiome

Betrachten wir ein Beispiel. Nehmen Sie aus der Menge aller reellen Zahlen alle ganzen Zahlen raus (die ganzen Zahlen sind alle natürlichen Zahlen 0, 1, 2, ... und alle natürlichen Zahlen mit einem Minus davor $-1, -2, -3, \ldots$). Diese Menge A sieht also aus wie der Zahlenstrahl aller reeller Zahlen (siehe Abb. 1.1), nur dass er in regelmäßigen Abständen ein Loch hat. Es gilt beispielsweise $3 \notin A$ und $3,3 \in A$. Nun fangen Sie an zu spielen. Die Person, die gewinnt, wenn die Zahl, die am Ende rauskommt, in der Menge A drin ist ($r \in A$), muss nur sicherstellen, dass nach dem Komma nicht nur noch Nullen kommen. Denn jede Zahl, die nicht in A ist, hat nach dem Komma ausschließlich Nullen: $\ldots, -2,0000\ldots, -1,0000\ldots, 0,00000\ldots, 1,0000\ldots, \ldots$ Die Person, die gewinnt, wenn $r \notin A$, versucht also entweder das Komma hinauszögern, oder spielt nach dem Komma nur noch Nullen. Aber die andere Person hat es ganz leicht. Sie spielt irgendwann das Komma und dann einmal nach dem Komma eine Zahl, die nicht 0 ist, und schon hat sie gewonnen. Diese Person hat also eine Gewinnstrategie und daher ist diese Menge A determiniert. (Wir nennen dann auch das Spiel um A determiniert.)

Bei der Untersuchung dieses Konzeptes nahmen sich Gale und Stewart in einem Artikel von 1953 folgende Fragen vor: „Wie pathologisch muss die Menge [A] sein, damit das Spiel nicht determiniert ist? [... Und] unter welchen Umständen ist ein Spiel streng determiniert?"[3]

Mengentheoretiker:innen mögen es, Teilmengen reeller Zahlen entsprechend ihrer Komplexität zu ordnen. *Offene* Mengen (wie die Menge A aus dem Beispiel) und *geschlossene* Mengen (z. B. abgeschlossene Intervalle wie [4, 15], was alle Zahlen zwischen 4 und 15 enthält) sind zum Beispiel noch sehr übersichtlich und gut zu fassen. Diese Mengen sind alle determiniert. Die sogenannten *Borelmengen* sind etwas komplexer, und noch komplexere Mengen heißen *analytische* und *projektive* Mengen. Das sind aber noch nicht alle Arten von Teilmengen reeller Zahlen, es gibt auch welche, die nicht projektiv sind (und damit auch weder analytisch, Borel, geschlossen, noch offen). Beim Nachdenken über Gale und Stewarts Fragen bewies Donald Martin (*1940), dass auch Borelmengen determiniert sind. Er bewies ebenfalls, dass analytische Mengen determiniert sind. Dafür musste er aber ein großes Kardinalzahlaxiom annehmen (genauer, die Existenz einer messbaren Kardinalzahl). Das heißt, die Aussagen analytische Determiniertheit und projektive Determiniertheit (PD) zählen zu den neuen Axiomen, genau wie die großen Kardinalzahlaxiome. Sie lassen sich in ZFC nicht beweisen, man kann sie aber zu ZFC hinzufügen.

---

[3] Übersetzt aus dem Englischen, ungekürzt: „how pathological must the set T be for the game to be indeterminate? The remainder of the paper is devoted to investigation of such questions, that is, under what circumstances is a game strictly determined?"(Gale und Stewart 1953, S. 245 f.)

Die dritte Art neuer Axiome sind die Forcingaxiome. Wie der Name schon sagt, sind Forcingaxiome eng mit der Forcingmethode verknüpft. Zuerst wurde die Forcingmethode benutzt, um ein einzelnes mengentheoretisches Modell zu konstruieren, in dem eine bestimmte Aussage gilt oder nicht. In Kap. 2 haben wir gesehen, dass Cohen die Forcingmethode verwendete, um ein Modell zu konstruieren, in dem alle ZFC-Axiome gelten, und CH falsch ist. Für einige solcher Fragen war Forcing eine sehr effektive Methode, aber schon bald musste die Forcingmethode iteriert werden, um das gewünschte Ergebnis im Forcingmodell zu erhalten. Iteriertes Forcing bedeutet, dass man wie gewohnt mit einem Grundmodell startet, dann ein erstes Forcingmodell konstruiert, dann ein zweites, ein drittes, und immer so weiter. Zum Beispiel wurde mit unendlich vielen Forcingiterationen ein finales Modell konstruiert, in dem die Suslinhypothese wahr ist. Die *Suslinhypothese* besagt, dass jede Menge, die hinreichend ähnlich zur Menge der reellen Zahlen ist, auch direkt schon identisch mit der Menge der reellen Zahlen ist. Wenn die Suslinhypothese falsch ist, dann gibt es also eine Menge, die fast dieselben Eigenschaften wir $\mathbb{R}$ hat, aber nicht identisch mit $\mathbb{R}$ ist. Eine solche Menge heißt *Suslinmenge*. Auf dem Weg zum finalen Modell wurden alle Suslinmengen *gekillt* (wie Mengentheoretiker:innen gern sagen). Daher gibt es im finalen Modell keine Suslinmenge und die Suslinhypothese stimmt.

Wenn man Forcing auf diese Weise iteriert, besteht eine bedeutende Schwierigkeit darin, sicherzustellen, dass nicht zu viele Dinge verändert werden. Beim Forcing möchte man immer, dass im neuen Modell ein paar bestimmte Dinge anders sind, aber fast alle anderen Dinge sollen genauso bleiben wie im Grundmodell. Beim iterierten Forcing ist das noch schwieriger. Aber Solovay und Stanley Tennenbaum (1927–2005) bewiesen, dass es für die Suslinhypothese funktioniert. Das dazugehörige *Forcingaxiom* besagt dann, dass die Mengen, die durch das Iterieren einer bestimmten Art Forcing für eine gegebene Anzahl von Iterationen konstruiert werden können, tatsächlich existieren. Für ccc Forcing (dasjenige, das von Solovay und Tennenbaum iteriert wurde, ‚ccc' steht für *countable chain condition*) heißt dies Martins Axiom (MA), benannte nach Donald Martin, weil er eine kompakte Formulierung der komplizierten Mathematik hinter iteriertem Forcing gefunden hat. Das *Proper Forcing Axiom* (PFA) ist für *proper* Forcing und Martins Maximum (MM) ist für Forcing, welches stationäre Mengen erhält (das bedeutet, dass die sogenannten stationären Mengen nach der Anwendung der Forcingtechnik immernoch stationär sind). Martins Axiom, das *Proper Forcing Axiom* und Martins Maximum sind die Standardforcingaxiome. Sie können entsprechend ihrer logischen Beweiskraft geordnet werden: Wenn MM gilt, dann gilt auch PFA, und wenn PFA gilt, dann gilt auch MA (aber jeweils nicht umgekehrt).

3 Mengenlehre heute: neue Axiome

Mengentheoretiker:innen erforschen nicht nur all diese neuen Axiome an sich, sondern auch wie sie miteinander zusammenhängen. In den 1980er Jahren fanden Mengentheoretiker:innen zum Beispiel eine direkte Verbindung zwischen großen Kardinalzahlaxiomen und Determiniertheitsprinzipien, genauer zwischen Woodinkardinalzahlen und Projektiver Determiniertheit.

Nun könnte man hoffen, dass mit Hilfe einiger dieser neuen Axiome die Kontinuumshypothese bewiesen oder widerlegt werden kann. Allerdings haben große Kardinalzahlaxiome und Determiniertheitsprinzipien keine Auswirkung auf CH. Wenn man solche Axiome zu ZFC hinzufügt, kann man immernoch Modelle, in denen CH gilt, und Modelle, in denen CH falsch ist, konstruieren. Wenn man jedoch eines der stärkeren Forcingaxiome (PFA oder MM) zu ZFC hinzufügt, dann ist CH falsch, denn dann gibt es genau $\aleph_2$ viele reelle Zahlen. Tatsächlich gibt es deswegen einzelne Mengentheoretiker:innen, die überzeugt sind, dass das die Lösung des Kontinuumsproblems ist. Das ist aber bei weitem kein Konsens in der mengentheoretischen Forschungsgemeinschaft.

Philosophische Sichtweisen

4.1 Philosophische Fragen

Um das mengentheoretische Unabhängigkeitsproblem in der Philosophie der Mengenlehre zu beschreiben, ist es sinnvoll zwischen dem Unabhängigkeits*phänomen* und dem Unabhängigkeits*problem* zu unterscheiden.

Das mengentheoretische Unabhängigkeisphänomen an sich ist nicht notwendigerweise problematisch. Das Phänomen selbst ist das Gesamtbild, welches sich aus den zahlreichen logischen und mathematischen Theoremen zur mengentheoretischen Unabhängigkeit ergibt. Besonders wichtig ist hier die mathematische Untersuchung der vielen Aussagen, die von ZFC unabhängig sind, und die vielen Theoreme, die in diesem Zusammenhang bewiesen wurden. Es sind also zahlreiche mathematische Tatsachen über das mengentheoretische Unabhängigkeitsphänomen bekannt. Im Kern besteht das Unabhängigkeitsphänomen in der Beobachtung, dass wir viele mengentheoretische Fragen stellen können, zu der die Standardtheorie ZFC keine eindeutige Antwort gibt. Wenn wir fragen, wie viele reelle Zahlen es gibt, dann antwortet die Theorie ZFC: Es gibt $\aleph_1$ viele, oder $\aleph_2$ viele, oder $\aleph_3$ viele, oder ... .

Aus philosophischer Perspektive verursacht das mengentheoretische Unabhängigkeitsphänomen jedoch ernsthafte Probleme für die mathematische Erkenntnistheorie. Wenn wir in der mathematischen Erkenntnistheorie annehmen, dass Aussagen wie ‚2+2=4' *wahre* Aussagen sind, genauso wie $|\mathbb{N}| < |\mathbb{R}|$, dann wirft das Unabhängigkeitsphänomen die Frage auf, ob Aussagen, die von ZFC unabhängig sind, wie ‚$\mathfrak{c} = \aleph_1$', weder wahr noch falsch sind, oder wie wir über deren Wahrheit irgendwie anders als gewohnt entscheiden können. Ausgehend vom Unabhängigkeitsphänomen beobachten wir also, dass für verschiedenste mengentheoretische Aussagen niemand weiß, ob sie wahr oder falsch sind, oder ob eine solche Frage überhaupt sinnvoll ist.

Ist eine unabhängige Aussage wie CH weder wahr noch falsch? Wenn ja, warum? Warum gibt es dann mathematische Aussagen wie ‚$|\mathbb{N}| < |\mathbb{R}|$', für die wir entscheiden können, ob sie wahr oder falsch sind, und andere wie ‚$\mathfrak{c} = \aleph_1$' für die wir das nicht können? Und wenn wir für CH doch entscheiden können, ob sie wahr oder falsch ist, dann wie? Welches der neuen Axiome gibt uns die richtige Antwort? Zu diesen Fragen haben Expert:innen ganz unterschiedliche Meinungen.

4.2 Monismus

Einige Mengentheoretiker:innen glauben nach wie vor, dass es einen Weg gibt, um herauszufinden, ob Aussagen, die von ZFC unabhängig sind, wahr oder falsch sind. Diese Mathematiker:innen sind optimistisch, dass sie einen Weg finden werden, alle mathematischen Fragen zu beantworten, und das trotz der Herausforderungen, vor die uns das mengentheoretische Unabhängigkeitsproblem stellt. Solche Positionen gehören zum Monismus: Es gibt ein eindeutiges mengentheoretisches Universum V, und darin sind alle mengentheoretischen Aussagen entweder wahr oder falsch. Gödel war ein Anhänger dieser Position. Er war Platonist und glaubte, dass Mathematiker:innen durch ihre Intuition Zutritt zur vom Menschen unabhängig existierenden mathematischen Welt haben. Er schlug vor, dass man neue Axiome, die über ZFC hinausgehen, auf zwei Weisen rechtfertigen könnte: intrinsisch oder extrinsisch. Eine *intrinsische* Rechtfertigung eines Axioms bezieht sich auf den informellen Mengenbegriff und erklärt wie das Axiom eine bestimmte Eigenschaft des Mengenbegriffs ausdrückt. Zum Beispiel kann man so das in ZFC enthaltene Extensionalitätsaxiom (Abschn. 1.2) rechtfertigen, weil Extensionalität eine inhärente Eigenschaft des Mengenbegriffs ist: Zwei Mengen sind nur dann gleich, wenn sie genau dieselben Elemente besitzen. Mit anderen Worten sind Mengen vollständig durch ihre Extension bestimmt. Aus Extensionalität folgt zum Beispiel, dass eine Menge kein Element zwei Mal enthalten kann, also $\{2, 2, 3, 3\} = \{2, 3\}$. Eine *extrinsische* Rechtfertigung bezieht sich hingegen auf äußerliche Faktoren des Axioms statt auf den semantischen Inhalt seiner Aussage. Ein Axiom kann beispielsweise extrinsisch über seine Konsequenzen gerechtfertigt werden. Wenn man zusätzlich zu ZFC das neue Axiom Projektive Determiniertheit (PD) annimmt, kann man verschiedene Resultate für projektive Mengen reeller Zahlen beweisen, analog zu dem, was man in ZFC für Borelmengen beweisen kann. Das ist eine wünschenswerte Konsequenz von PD und daher ein extrinsisches Argument für dieses Axiom. Die Idee nach neuen Axiomen zu suchen, einige davon intrinsisch oder extrinsisch zu rechtfertigen, und diese dann zu ZFC hinzuzufügen, wurde später als *Gödels Programm* betitelt.

4.2 Monismus

Penelope Maddy vertritt ebenfalls eine monistische Position. Aus ihrer Sicht müssen mengentheoretische Fragen eindeutig beantwortet werden können, weil die Mengenlehre als Grundlagentheorie fungiert und daher alle mathematischen Fragen beantworten können muss. Ihre Idee war es, zuerst zu analysieren wie die Standardaxiome gerechtfertigt wurden und die gefundenen Kriterien dann auf die Kandidaten für neue Axiome anzuwenden. Sie untersuchte die Gründe für jedes einzelne ZFC-Axiom und auch für einige neue Axiome. Sie betont die Rolle extrinsischer Gründe für die Rechtfertigung von Axiomen. Einige ZFC-Axiome lassen sich zwar gut intrinsisch rechtfertigen, aber neue Axiome nicht wirklich. Daher sind extrinsische Gründe die bevorzugte Wahl für die Rechtfertigung neuer Axiome. Maddy zählt in diesem Zusammenhang als wichtige Referenz, da sie im Detail ausbuchstabiert hat, was extrinsische Rechtfertigung genau meint. In ihrer späteren Arbeit werden extrinsische Gründe unter Bezugnahme auf Urteile darüber, was *wünschenswert* ist, definiert:

> In Hinsicht darauf, was die Mengenlehre leisten soll, ist es eine absolut vernünftige Vorgehensweise, sich auf [extrinsische] Betrachtungen zu verlassen: sich Mittel zu eigen machen, die effektiv zu gewünschten mathematischen Zielen führen.[1] (Maddy 2011, S. 52)

Um Maddys Ideen zu verstehen, ist es wichtig, sich ihre spezifische Ausdrucksweise bewusst zu machen. In ihrer Ausdrucksweise heißt ‚sich ein Mittel zu eigen machen' zum Beispiel ‚ein neues Axiom akzeptieren'. Mit anderen Worten behauptet Maddy, dass Mengentheoretiker:innen Axiome akzeptieren, um wünschenswerte mathematische Ziele zu erreichen. Tatsächlich werden bestimmte mathematische Eigenschaften einiger Axiomenkandidaten von Mengentheoretiker:innen als wünschenswert betrachtet. Ein Beispiel dafür ist *generische Absolutheit*. Wenn man Projektive Determiniertheit (PD) annimmt, dann kann man beweisen, dass die Wahrheitswerte von Aussagen niedriger Komplexität durch die Forcingmethode nicht verändert werden. Da die Forcingmethode normalerweise die Wahrheitswerte (z. B. von CH) ändert, betrachten es Mengentheoretiker:innen als wünschenswert, diese Instabilität zu reduzieren, und annehmen zu können, dass viele Wahrheitswerte gesichert unveränderbar sind. In ihrem Buch *Defending the Axioms* präsentiert Maddy eine Übersicht der extrinsischen Gründe für PD. Entsprechend ihrer Analyse sind die folgenden Konsequenzen von PD wünschenswert:

---

[1] Übersetzt aus dem Englischen: „Given what set theory is intended to do, relying on [extrinsic] considerations … is a perfectly rational way to proceed: embrace effective means toward desired mathematical ends."

Extrinsische Gründe für PD:

- eine generisch absolute Theorie von $H(\omega_1)$,
- eine uniforme Theorie der Teilmengen reeller Zahlen, die die in ZFC beweisbare Theorie der Teilmengen reeller Zahlen auf natürliche Weise fortsetzt,
- eine Theorie, die die Existenz großer Kardinalzahlen zur Folge hat, die selbst auch aus anderen Gründen als wünschenswert gelten,
- eine Theorie, die durch stärkere neue Axiome ‚bestätigt' wird, weil alle üblichen, stärkeren neuen Axiome PD implizieren.

Im ersten Punkt geht es um eine Reihe von Teilstücken des mengentheoretischen Universums, $H(\omega)$, $H(\omega_1)$, $H(\omega_2)$, ... In $H(\omega)$ sind alle Mengen endlich; auch deren Elemente sind endlich und auch die Elemente der Elemente sind endlich usw. Wir nennen solche Mengen *erblich endlich* (Englisch: *hereditarily finite*). Das ‚H' steht für *hereditarily* und die Zahl ω gibt an, dass jede Menge in $H(\omega)$ selbst kleiner als ω sein muss, und deren Elemente auch wieder usw., wie gerade beschrieben. Die Theorie von $H(\omega)$ gibt also an, welche Aussagen alle für diese erblich endlichen Mengen gelten. In ZFC kann man alles wichtige über diese erblich endlichen Mengen beweisen, man braucht dafür also keine neuen Axiome. Für die nächste Stufe $H(\omega_1)$ von erblich abzählbaren Mengen braucht man allerdings neue Axiome, wenn man bestimmte Fragen beantworten möchte. Und das Axiom PD hat die Eigenschaft, dass es die meisten dieser Fragen über $H(\omega_1)$ beantwortet. Zudem gibt PD nicht nur irgendeine Antwort, sondern eine, die sich mit der Forcingmethode nicht ändern lässt, also eine generisch absolute Theorie von $H(\omega_1)$.

Der zweite Grund für PD bezieht sich auf die Ordnung von Teilmengen reeller Zahlen nach Komplexität. Wir hatten im Zusammenhang mit den Determiniertheitsprinzipien von offenen und abgeschlossenen Mengen, Borelmengen, analytischen Mengen und projektiven Mengen gesprochen (siehe Kap. 3). In ZFC kann man nun für die „einfacheren" Mengen, genauer bis zu den Borelmengen, Eigenschaften wie Lebesgue-Messbarkeit beweisen. Diese Eigenschaft bedeutet, dass wir, metaphorisch ausgedrückt, die Länge der entsprechenden Teilmenge reeller Zahlen mit Hilfe des Werkzeugs der Lebesgue-Messbarkeit messen können. Das können wir nicht mit allen Teilmengen reeller Zahlen machen. Wenn man aber PD zu ZFC hinzufügt, dann sind auch die analytischen und die projektiven Mengen Lebesgue-messbar. Auf eine solche Übertragung von wünschenswerten Eigenschaften bezieht sich der zweite Grund.

4.2 Monismus

Dem dritten Grund liegen bahnbrechende Resultate der 80er Jahre zugrunde, in denen gezeigt wurde, dass bestimmte große Kardinalzahlen, die Woodinkardinalzahlen, und PD eng miteinander zusammenhängen. Vereinfacht ausgedrückt gilt: Nimmt man die Existenz von Woodinkardinalzahlen an, dann kann man PD beweisen, und nimmt man umgekehrt PD an, dann kann man die Existenz von Woodinkardinalzahlen beweisen. Da Mengentheoretiker:innen, die eine monistische Meinung vertreten, die großen Kardinalzahlen größtenteils bereits akzeptieren, spricht es für PD, dass man viele dieser Kardinalzahlen bekommt, wenn man PD akzeptiert.

Umgekehrt gilt nicht nur für große Kardinalzahlaxiome, sondern auch für Forcingaxiome wie PFA und MM, dass, wenn man sie annimmt, dann auch PD gelten muss. Obwohl große Kardinalzahlaxiome und Forcingaxiome keinen direkten Zusammenhang haben, implizieren sie beide dieselbe Aussage: PD. Monisten finden, dass dies ein guter vierter Grund für PD ist.

Diese vier Gründe für PD sollen für Sie veranschaulichen, welche Art Argumentation in die Rechtfertigung neuer Axiome eingeht. Dieselbe Art Argumentation tritt auch im Zusammenhang mit anderen Axiomen auf, natürlich angepasst an den jeweiligen mathematischen Kontext und die mathematischen Resultate, die als wünschenswert oder weniger wünschenswert erachtet werden.

Es gibt auch Beispiele für nicht wünschenswerte Konsequenzen neuer Axiome. Laut Maddy akzeptieren Mengentheoretiker:innen das Axiom $V = L$ nicht, weil es „eine unproduktive Alternativtheorie projektiver Mengen darstellt und mit der Rolle der Mengenlehre als Grundlagentheorie durch die Beschränkung des mengentheoretischen Universums in Konflikt gerät"[2] (Maddy 2011, S. 52). Da $V = L$ die Existenz aller nicht konstruktiblen Mengen ausschließt, handelt es sich um ein restriktives Axiom.

Ein wichtiger Bezugspunkt für Maddy ist der bekannte Mengentheoretiker W. Hugh Woodin. Er hat zentrale Theoreme bewiesen und nach ihm sind die sogenannten Woodinkardinalzahlen benannt. Er hat die Forschungsrichtungen in der Mengenlehre seit den 1980er Jahren wesentlich mit beeinflusst. Und er ist ebenfalls Monist. Woodin glaubt, wie Gödel zu seiner Zeit, dass Mengentheoretiker:innen einen Weg finden können, ihre offenen Fragen zu beantworten. Er ist ein Befürworter der *Universumsposition,* nach der das mengentheoretische Universum ein definites Objekt ist und in dem jede mengentheoretische Aussage entweder wahr oder falsch ist. In dieser Position gilt das Unabhängigkeitsphänomen als Hindernis, welches Mengentheoretiker:innen überwinden können:

---

[2] Übersetzt aus dem Englischen: „presents an unproductive alternative theory of projective sets and conflicts with set theory's foundational role by restricting the universe of sets."

Das wohl berühmteste, formal unlösbare Problem der Mathematik ist Hilberts erstes Problem: Cantors Kontinuumshypothese: [...] Dieses Problem gehört zu einer nach wie vor wachsenden Liste von Problemen, die bekanntermaßen mit Hilfe der (üblichen) Axiome der Mengenlehre nicht gelöst werden können. Einige dieser Probleme *wurden* jedoch nun gelöst. Aber was heißt das genau? Könnte die Kontinuumshypothese genauso gelöst werden?[3] (Woodin 2001, S. 567)

Woodin spricht hier von „formal unlösbaren Problem[en]" und suggeriert damit, dass solche Probleme mit Hilfe anderer, nicht-formaler Methoden gelöst werden könnten. Tatsächlich behauptet er, dass einige dieser Probleme gelöst wurden. Er bezieht sich hier auf PD.

Woodin beschreibt eine allgemeine Strategie, das Unabhängigkeitsproblem Schritt für Schritt zu überwinden. Seine Strategie beruht auf der gerade beschriebenen Hierarchie mengentheoretischer Teilmodelle von V: $H(\omega)$, $H(\omega_1)$, $H(\omega_2)$, ... Die Idee besteht darin, zuerst die Axiome für $H(\omega_1)$ festzulegen, dann die Axiome für $H(\omega_2)$, und so weiter. In Bezug auf $H(\omega_1)$ sagt Woodin:

Es gibt naheliegende Fragen über $H(\omega_1)$, die in ZFC nicht lösbar sind. Es gibt jedoch Axiome für $H(\omega_1)$, die diese Fragen beantworten, eine Theorie bereitstellen, die genauso kanonisch ist wie die Theorie der natürlichen Zahlen, und die offensichtlich *wahr* sind. Aber die Wahrheit dieser Axiome wurde erst *nach* sehr viel Arbeit deutlich. Für mich ist ein bemerkenswerter Aspekt daran, dass es zeigt, die Entdeckung mathematischer Wahrheiten ist kein rein formales Unterfangen.[4] (Woodin 2001, S. 569)

Für Woodin sind also von ZFC unabhängige Aussagen entweder wahr oder falsch und er hat auch eine Strategie vorgeschlagen, wie man entscheiden kann, ob solche Aussagen wahr oder falsch sind.

Aktuell arbeitet Woodin an seinem *Ultimate-L* Programm, was Axiome für $H(\omega_2)$ hervorbringen soll. Er ist in der mengentheoretischen Forschungsgemeinschaft für seine groß angelegten Forschungsprogramme bekannt, die neue Axiome

---

[3] Übersetzt aus dem Englischen: „Arguably the most famous formally unsolvable problem of mathematics is Hilbert's first problem: Cantor's Continuum Hypothesis: ... This problem belongs to an ever-increasing list of problems known to be unsolvable from the (usual) axioms of set theory. However, some of these problems *have* now been solved. But what does this actually mean? Could the Continuum Hypothesis be similarly solved?"

[4] Übersetzt aus dem Englischen: „There are natural questions about $H(\omega_1)$ which are not solvable from ZFC. However, there are axioms for $H(\omega_1)$ which resolve these questions, providing a theory as canonical as that of number theory, and which are clearly *true*. But the truth of these axioms became evident only *after* a great deal of work. For me, a remarkable aspect of this is that it demonstrates that the discovery of mathematical truth is not a purely formal endeavor."

generieren sollen, und er präsentiert seine Fortschritte regelmäßig auf Forschungskonferenzen. Sein momentan größtes mathematisches Problem besteht darin, ein kanonisches inneres Modell für eine superkompakte Kardinalzahl zu konstruieren. Im Moment werden noch viele verschiedene Varianten betrachtet, wie ein solches Modell aussehen könnte. Im Allgemeinen kann man sich ein solches Modell ähnlich wie L in Abb. 2.1 vorstellen, nur etwas breiter.

4.3 Pluralismus

Die dem Monismus entgegengesetzte Position heißt *Pluralismus*. Pluralismus besagt, dass mengentheoretische Aussagen, abhängig vom spezifischen Kontext, verschiedene Wahrheitswerte haben können. In einem mengentheoretischen Modell wie L ist CH zum Beispiel wahr, aber in Cohens Forcingmodell ist CH falsch. Pluralisten nehmen an, dass CH über diese kontext-spezifischen Wahrheitswerte hinaus keinen absoluten Wahrheitswert besitzt.

Ein von Woodins Universumsposition sehr unterschiedlicher Standpunkt wurde von Solomon Feferman (1928–2016) vertreten.

> Meine eigene Position [...] ist, dass die Kontinuumshypothese eine sogenannte ‚inhärent vage' Aussage ist, und dass das Kontinuum selbst, oder äquivalent dazu die Potenzmenge der natürlichen Zahlen, kein definites mathematisches Objekt ist. Vielmehr ist es unsere Konzeption von der Totalität ‚beliebiger' Teilmengen der Menge der natürlichen Zahlen, eine Konzeption, die klar genug für uns ist, um diesem angenommenen Objekt viele nachweisbare Eigenschaften zuzuschreiben [...], aber welches in keiner Weise geschärft werden kann, um das Objekt selbst festzulegen oder zu bestimmen.[5] (Feferman et al. 2000, S. 405)

Für Feferman sind unabhängige Aussagen nicht wahr oder falsch. Feferman argumentiert stattdessen, dass einige unabhängige Aussagen *inhärent vage* sind. Laut Feferman ist CH keine Frage, die sich auf definite mathematische Objekte bezieht und kann daher auch nicht beantwortet werden. Als Argument für diese Ansicht könnte man heranziehen, dass die reellen Zahlen in verschiedenen Modellen von

---

[5] Übersetzt aus dem Englischen: „My own view ... is that the Continuum Hypothesis is what I have called an ‚inherently vague' statement, and that the continuum itself, or equivalently the power set of the natural numbers, is not a definite mathematical object. Rather, it's a conception we have of the totality of ‚arbitrary' subsets of the set of natural numbers, a conception that is clear enough for us to ascribe many evident properties to that supposed object ... but which cannot be sharpened in any way to determine or fix that object itself."

ZFC ganz unterschiedlich sein können. In L gibt es nur $\aleph_1$ viele reelle Zahlen und jede reelle Zahl ist konstruktibel. In Cohens Forcingmodell hingegen gibt es mindestens $\aleph_2$ viele reelle Zahlen, und davon sind ganz viele nicht konstruktibel. Diese von den ZFC-Axiomen zugelassene Flexibilität, im Sinne von ‚die rellen Zahlen können so aussehen oder auch so‘, führt Feferman zu seiner Behauptung, dass es sich beim Kontinuum nicht um ein definites mathematisches Objekt handelt.

Ein weiterer wichtiger Vertreter des Pluralismus ist Joel D. Hamkins. Er ist berühmt für die Formulierung der *Multiversumsposition,* die Woodins Universumsposition diametral entgegengesetzt ist. Die Multiversumsposition besagt, dass alle mengentheoretischen Modelle als unabhängige, abstrakte Objekte gemeinsam in einem großen Multiversum existieren:

> Erlauben Sie mir, als eine Art Fallstudie zu erörtern, wie die Multiversums- und die Universumspositionen eines der wichtigsten Probleme der Mengenlehre behandeln: die Kontinuumshypothese (CH). […] Nach Jahrzehnten der Erfahrung und des Studiums haben Mengentheoretiker:innen heute ein tiefes Verständnis wie man die Kontinuumshypothese oder ihre Negation in verschiedenen Modellen der Mengenlehre bekommen kann – indem man sie oder ihre Negation auf unzählige Arten durch Forcing erzwingt während man gleichzeitig andere mengentheoretische Eigenschaften kontrolliert – und haben dadurch ein grundleges Wissen über das Ausmaß der Kontinuumshypothese und ihrer Negation im Multiversum erlangt. Entsprechend der Multiversumsposition ist die Kontinuumshypothese folglich eine beantwortete Frage; es ist nicht korrekt CH als offenes Problem zu beschreiben. Die Antwort auf CH besteht in dem von den Mengentheoretiker:innen angesammeltem, ausführlichen und präzisen Wissen über das Ausmaß, entsprechend dem CH im Multiversum gilt oder nicht gilt, und darüber wie man CH oder ihre Negation in Kombination mit verschiedenen anderen mengentheoretischen Eigenschaften bekommt.[6] (Hamkins 2012, S. 429)

---

[6] Übersetzt aus dem Englischen: „Let me discuss, as a kind of case study, how the multiverse and universe views treat one of the most important problems in set theory, the continuum hypothesis (CH). ... After decades of experience and study, set-theorists now have a profound understanding of how to achieve the continuum hypothesis or its negation in diverse models of set theory—forcing it or its negation in innumerable ways, while simultaneously controlling other settheoretic properties—and have therefore come to a deep knowledge of the extent of the continuum hypothesis and its negation in the multiverse. On the multiverse view, consequently, the continuum hypothesis is a settled question; it is incorrect to describe the CH as an open problem. The answer to CH consists of the expansive, detailed knowledge set theorists have gained about the extent to which it holds and fails in the multiverse, about how to achieve it or its negation in combination with other diverse set-theoretic properties."

4.4 Fazit

Hamkins rechtfertigt seine Multiversumsposition interessanterweise nicht nur mit Hilfe von theoretischen, philosophischen Überlegungen, sondern vor allem, indem er sich auf die mengentheoretische Forschungspraxis bezieht. Seiner Ansicht nach besteht die mengentheoretische Forschungspraxis im Wesentlichen darin, verschiedene mengentheoretische Modelle zu untersuchen, und die Multiversumsposition spiegelt diese Forschungserfahrung direkt wider.

Hamkins' Interpretation steht jedoch in direktem Gegensatz zu der von Maddy. Maddy stützt ihre Behauptungen ebenfalls durch Beobachtungen der mengentheoretischen Praxis und schlussfolgert, dass extrinsische Gründe für neue Axiome von Mengentheoretiker:innen als überzeugend angesehen werden. Ihrer Ansicht nach sprechen die Beobachtungen der mengentheoretischen Forschungspraxis aber für eine Universumsposition und nicht für eine Multiversumsposition. Sie erkennt zwar an, dass es auch Argumente für die Multiversumsposition gibt (wie die Erforschung zahlreicher Modelle der Mengenlehre in der Forschungspraxis), bewertet aber die Argumente für die Universumsposition als überzeugender.

Wenn man die Mengentheoretiker:innen selbst fragt, dann wird schnell klar, dass sie ganz unterschiedliche, aber meist starke Meinungen zum Unabhängigkeitsproblem haben. Die mengentheoretische Forschungsgemeinschaft ist in dieser Hinsicht gespalten. Manche suchen, genau wie Woodin, aktiv nach neuen Axiomen, halten PD und große Kardinalzahlaxiome für wahr, und wollen das Unabhängigkeitsphänomen unbedingt überwinden. Andere Mengentheoretiker:innen stört das Unabhängigkeitsphänomen überhaupt nicht. Sie erfreuen sich an der Vielfalt und Flexibilität, die durch ZFC gegeben ist, und erforschen alle möglichen Modelle und neuen Axiome, fest davon überzeugt, dass es über ZFC hinaus keine wahren Axiome gibt.[7]

Trotz dieser philosophischen Uneinigkeiten arbeiten alle Mengentheoretiker: innen mathematisch hervorragend zusammen und produzieren so immer weitere mengentheoretische Erkenntnise, die regelmäßig neue Perspektiven auf das mengentheoretische Unabhängigkeitsphänomen eröffnen. Die Welt jenseits der mathematischen Beweiskraft wird tagtäglich mathematisch weiter erforscht.

---

[7] Diese Zusammenhänge stelle ich ausführlich in (Kant 2025) dar.

Was Sie aus diesem *essential* mitnehmen können

- Die Mengenlehre erfüllt wichtige Eigenschaften einer mathematischen Grundlagentheorie.
- Unabhängige, mathematische Aussagen wie die Kontinuumshypothese sind weder beweisbar noch widerlegbar.
- Um die Unabhängigkeit einer mathematischen Aussage zu beweisen, müssen zwei mengentheoretische Modelle konstruiert werden.
- Das mengentheoretische Unabhängigkeitsphänomen wirft tiefgehende philosophische Fragen zur Wahrheit in der Mathematik auf.

Zum Weiterlesen

Sie finden im Literaturverzeichnis einerseits die Originalpublikationen der einschlägigen mathematischen Resultate und zum anderen einige aktuelle, philosophische Veröffentlichungen. Darüber hinaus empfehle ich folgende Bücher, falls Sie weiterlesen möchten:

Populärwissenschaft
Apostolos Doxiadis und Christos H. Papadimitriou (2008): *LOGICOMIX: An epic search for truth.* Logicomix Print.
(Englischsprachiges Comic zu wichtigen Personen und Ideen der Logik.)

Alexander George und Daniel J. Velleman (2018): *Zur Philosophie der Mathematik: Logizismus, Intuitionismus, Finitismus, Gödelsche Unvollständigkeitssätze.* Berlin: Springer Spektrum.
(Einführung in die klassischen Themen der Philosophie der Mathematik.)

Dirk W. Hoffmann (2018): *Grenzen der Mathematik: Eine Reise durch die Kerngebiete der mathematischen Logik.* Heidelberg: Springer Spektrum Berlin.
(Erläuterung mathematischer Logik, vor allem von Unvollständigkeit.)

Aeneas Rooch (2022): *Die Entdeckung der Unendlichkeit: Das Jahrhundert, in dem die Mathematik sich neu erfand. 1870–1970.* Heyne.
(Anschauliche und historische Einführung in die Grundideen der Mengenlehre.)

David Foster Wallace (2009): *Die Entdeckung des Unendlichen: Georg Cantor und die Welt der Mathematik*. Piper.
(Cantor-Biographie.)

Standardtextbücher der Logik und Mengenlehre
Oliver Deiser (2010): *Einführung in die Mengenlehre: Die Mengenlehre Georg Cantors und ihre Axiomatisierung durch Ernst Zermelo*. Berlin, Heidelberg: Springer.
(Deutschsprachiges, sehr gut erklärtes Mengenlehrebuch.)

Heinz-Dieter Ebbinghaus, Jörg Flum und Wolfgang Thomas (2018): *Einführung in die mathematische Logik* (6. überarbeitete und erweiterte Auflage). Berlin, Heidelberg: Springer Spektrum.
(Deutschsprachiges Standardwerk zu den wichtigsten Themen der mathematischen Logik.)

Thomas Jech (2003): *Set Theory* (The Third Millennium Edition, revised and expanded). Berlin, Heidelberg: Springer.
(Englischsprachiges, umfassendes Standardwerk zur Mengenlehre.)

Kenneth Kunen (1980): *Set Theory: An Introduction to Independence Proofs*. Studies in Logic and the Foundations of Mathematics, volume 102. Amsterdam: North-Holland Publishing Company.
(Englischsprachiges Standardwerk zu Unabhängigkeitsbeweisen.)

Literatur

Bagaria, J., Koellner, P., and Woodin, W. H. (2019). Large cardinals beyond choice. *Bulletin of Symbolic Logic*, 25(3):283–318.

Cantor, G. (1883). *Grundlagen einer allgemeinen Mannichfalitigkeitslehre: Ein mathematisch-philosophischer Versuch in der Lehre des Unendlichen.* Teubner, Leipzig.

Cantor, G. (1890). *Zur Lehre vom Transfiniten.* Pfeffer, Halle-Saale.

Cantor, G. (1984/1872–1884). *Über unendliche, lineare Punktmannigfaltigkeiten – Arbeiten zur Mengenlehre aus den Jahren 1872–1884.* Springer-Verlag, Vienna. ed. by G. Asser.

Cohen, P. J. (1963). The independence of the continuum hypothesis. *Proceedings of the National Academy of Sciences of the United States of America*, 50(6):1143–1148.

Cohen, P. J. (1964). The independence of the continuum hypothesis, ii. *Proceedings of the National Academy of Sciences of the United States of America*, 51(1):105–110.

Cohen, P. J. (1966). *Set Theory and the Continuum Hypothesis.* W. A. Benjamin, New York.

Cohen, P. J. (2002). The discovery of forcing. *Rocky Mountain Journal of Mathematics*, 32(4):1071–1100.

Dzamonja, M. and Kant, D. (2019). Interview with a set theorist. In Centrone, S., Kant, D., and Sarikaya, D., editors, *Reflections on the Foundations of Mathematics*, pages 3–26. Springer International Publishing, Cham.

Feferman, S., Friedman, H., Maddy, P., and Steel, J. (2000). Does mathematics need new axioms? *The Bulletin of Symbolic Logic*, 6(4):401–446.

Fraenkel, A. A. (1927). *Zehn Vorlesungen über die Grundlegung der Mengenlehre.* Teubner, Leipzig, Berlin.

Gale, D. and Stewart, F. M. (1953). Infinite games with perfect information. *Annals of Math. Studies*, 28:245–266.

Gödel, K. (1930). Einige metamathematische Resultate über Entscheidungs-definitheit und Widerspruchsfreiheit (1930b): Some metamathematical results on completeness and consistency (1930b). In Feferman, S., editor, *Publications 1929–1936*, volume 1, pages 140–143. Oxford University Press, Oxford.

Gödel, K. (1931). Über formal unentscheidbare Sätze der Principia mathematica und verwandter Systeme I (1931): On formally undecidable propositions of principia mathematica and related systems I (1931). In Feferman, S., editor, *Publications 1929–1936*, volume 1, pages 144–195. Oxford University Press, Oxford.

Gödel, K. (1947). What is Cantor's continuum problem? In Feferman, S., Dawson, J., and Kleene, S., editors, *Journal of Symbolic Logic*, pages 176–187. Oxford University Press.

Gödel, K. (1930). Die vollständigkeit der axiome des logischen funktionenkalküls. *Monatsheft für Mathematik und Physik,* 37:349–360.

Gödel, K. (1938). The consistency of the axiom of choice and of the generalized continuum-hypothesis. *Proceedings of the National Academy of Sciences of the United States of America,* 24(12):556–557.

Hamkins, J. D. (2012). The set-theoretic multiverse. *The Review of Symbolic Logic,* 5:416–449.

Kant, D. (2025). *Pragmatic Insights into Set-Theoretic Independence: Exploring Disagreement and Agreement among Practitioners.* Studies in Theoretical Philosophy. Vittorio Klostermann, Heidelberg.

Maddy, P. (2011). *Defending the Axioms: On the Philosophical Foundations of Set Theory.* Oxford University Press, Oxford.

Woodin, W. H. (2001). The continuum hypothesis, part I. *Notices of the AMS,* 48(6):567–576.

Zermelo, E. (1908). Untersuchungen über die Grundlagen der Mengenlehre. *Mathematische Annalen,* 65(2):261–281.

Zermelo, E. (1930). Über Grenzzahlen und Mengenbereiche. *Fundamenta Mathematicae,* 16(1):29–47.

The manufacturer's authorised representative in the EU is Springer Nature Customer Service Centre GmbH, Europaplatz 3, 69115 Heidelberg, Germany. If you have any concerns regarding our products, please contact ProductSafety@springernature.com

Printed and bound by CPI Group (UK) Ltd, Croydon, CR0 4YY
23/03/2026
02076396-0003